生物に学ぶ敗者の進化論

稲垣栄洋

PHP文庫

○本表紙図柄＝ロゼッタ・ストーン（大英博物館蔵）
○本表紙デザイン＋紋章＝上田晃郷

プロローグ　敗者が紡いだ物語　三十八億年前

敗者――。

この言葉に、皆さんはどのような印象を持たれるであろうか。

戦いに敗れた敗者は、弱い存在であり、みじめな存在であり、憐《あわ》れむべき存在に見えるかも知れない。

しかし、本当にそうだろうか。

生命の進化を振り返ると、それはあまりに短絡的な見方のようにも思える。生命の進化の歴史は、戦いの歴史でもあった。生存競争の中で滅んでいったものも数多い。

確かに戦いに敗れ去った敗者は、弱い存在であり、虐《しいた》げられた存在であった。しかし、どうだろう。三十八億年に及ぶとされる悠久の生命の歴史の中では、最終的に生き残ったのは常に敗者の方であった。そして、その敗者たちによって、生命の歴史が作られてきたのである。じつに不思議なことに滅び去っていったのは強者である勝者たちだったのだ。

私たちは、その進化の先にある末裔《まつえい》である。言わば敗者の中の敗者なのである。いかにして時代の敗者たちは生き残り、そして新しい時代を切り拓《ひら》いていったのだろうか。

それが本書のテーマである。

生命はどのようにして生まれたのだろうか。

物語のはじまりは謎に包まれている。

何もない世界にそれは生まれた。

そこには前も後もない。縦も横もない。そこには、空間が存在しないのである。

そして、そこには昔も今もない。長いも短いもない。そこには、時間さえ存在しないのだ。

そんな何もない世界に宇宙が誕生した。百三十八億年も昔のことである。

やがて真っ暗な宇宙空間に太陽が生まれ、地球という小さな惑星が誕生した。四十六億年前のことである。

何もない宇宙空間に生まれた小さな惑星。

そんな地球に生命の鼓動が動き始めた。それは、三十八億年前のことであった。


「遠い昔、はるか彼方の銀河系で……」

これは、映画『スター・ウォーズ』の冒頭の言葉である。

地球における生命の誕生もまた、銀河の片隅での小さな出来事であった。

生物は無生物から生まれた。何もないところから、何かが生まれたのである。

ゼロから一が生まれるときというのは、どんなときなのだろう。

ゼロから何かが生まれるというのは、どういうことなのだろう。


生命の起源は謎に満ちている。

この世の中でゼロから一が生まれるということは、ほとんど起こらない。

しかし、生命の誕生は、ゼロから一が生まれた大事件であった。

残念ながら、どのようにして、ゼロから一が生まれたかについては、よくわかっていない。


生命の基本をなすのはＤＮＡである。ＤＮＡの暗号によってタンパク質が作られるのである。そのため、ＤＮＡがなければタンパク質は作られない。

ところが、タンパク質を合成するときには、タンパク質酵素が働いている。つまり、タンパク質がなければ、ＤＮＡは働くことができないのだ。果たして生命の起源はＤＮＡが先にあったのか、タンパク質が先にあったのかが大いなる謎なのである。

ゼロから一を作り出すことは、かくのごとく難しい。

しかし、生まれた一から十を作り、百を作り出すことはできる。

地球に生まれた小さな生命は、さまざまな進化を遂げた。そしてついには大地を走る獣が進化し、空を飛ぶ鳥が生まれた。そして、毎日泣いたり笑ったり、怒ったり悩んだりする脳を持ち、美しい音楽や絵画を生み出す人間にまで進化を遂げていくのである。

しかし、ゼロから一が生まれるほどの、劇的な変化は起こっていない。どんなに新しく見えるものでも、すべての進化は、既存のものを改良したり、既存のものの組み合わせで作られているのである。

ゼロから生み出された一が、十や百になるために必要なことは何であろう。

その鍵となるものこそが、「エラー」である。

生命は、単純なコピーの繰り返しである。

しかし、ただ几帳面《きちょうめん》にコピーをしているだけでは、何の変化もない。ひたすら繰り返されるコピーには、しばしばコピーミスが起こる。このミスの繰り返しによって、生命はさまざまな変化を可能にしてきたのだ。

しかし、このエラーによる変化が生かされるには、長い年月が必要となった。

どうしてこんな単純な仕組みが、三十八億年もの間、続けられてきたのだろう。

そして、どうして、こんな単純な仕組みによって、さまざまな生物が進化を遂げたのだろう。

エラーは、エラーでしかない。しかし、生命はエラーを繰り返してきた。そして、あるとき、そのエラーがまったく新しい価値を生み出していく。生命の進化は、この繰り返しなのである。

エラーをする生命に価値があるのか、ないのか。そんなことはわからない。

しかし、ただ一つ言えることは、生命が三十八億年の歴史の中で、襲い来る過酷な環境を乗り越えて、生命のリレーをつないできたのは、生命がエラーをする存在だったからということである。

エラーに価値があるのか、ないのか。少なくとも生命の末裔である私たちにとってもまた、「エラー」が重要な意味を持つことは生命の歴史が証明しているであろう。

生き抜いてきた生命の歴史には、真実がある。

本書ではその真実から、現代を生き抜く知恵を学んでいこうと思う。

生命が生まれてからの三十八億年。それは途方もない長さの歴史である。

生命が生まれた遠い昔に思いを馳《は》せることは、簡単ではないかも知れない。

しかし、今、あなたがここにいるということは、遠い昔にあなたの祖先がそこに存在していたということなのだ。そして、地球に生命が生まれてから、累々と遺伝子は途切れることなく受け継がれてきた。そして、それはやがてあなたの祖父母となり、あなたの父母に引き継がれ、あなたへとつながっているのだ。

あなたがそこにいるということは、三十八億年、あなたの遺伝子が途切れることなく現在につながってきた何よりの証《あか》しなのである。

さあ、三十八億年の生命の歴史をたどってみることにしよう。
それは、私たちに刻まれたＤＮＡの旅でもあるのだ。

稲垣栄洋

※本書では、三十八億年前から四百万年前にいたるまでの生命史を記述している。年代が時々前後することがあるが、これは、この順番で説明することが、読者の理解の助けになると判断したためである。ご了承いただきたい。

生物に学ぶ敗者の進化論

目次

図版・本文イラスト　宇田川由美子

競争から共生へ

二十二億年前

謎のDNAの発見

細胞の中には、さまざまな小器官がある。

これらの小器官が、さまざまな役割分担をすることによって、細胞が生命活動を行っているのである。

たとえば、リボソームは、タンパク質を合成する役割を担っている。ゴルジ体は、タンパク質を加工して分泌する「タンパク質の修飾」を行っている。

リボソームを、商品を生産する工場にたとえると、ゴルジ体は商品を梱包《こんぽう》し、発送する部署に相当する。また、リソソームは異物を分解して処理する役割がある。ミト

小器官の中でも重要な役割を果たしているものに、ミトコンドリアがある。ミト

細胞小器官

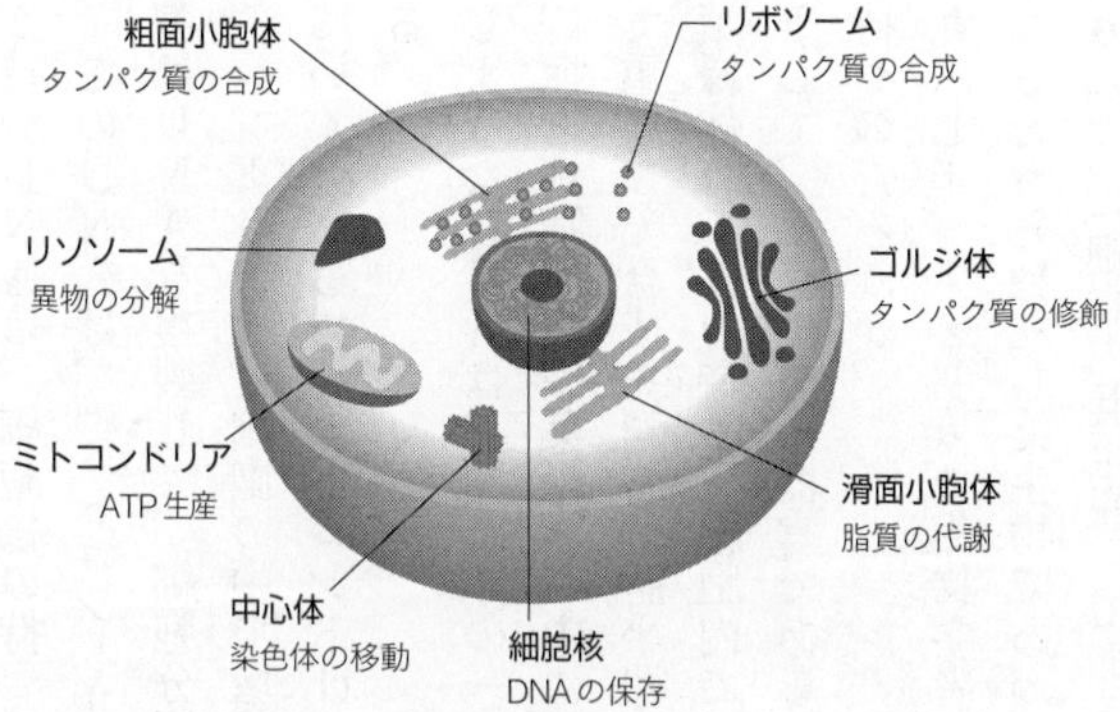

コンドリアは、酸素呼吸を行い、細胞内でエネルギー（ATP）生産を行う役割を担っている。

一つの細胞の中には、数百というミトコンドリアが存在していて、生命活動に必要なエネルギーを生み出しているのである。

また、細胞の中には細胞核があり、その中にDNAがあり、生物に必要なすべての遺伝情報を保存している。

ところが、である。

一九六三年、スウェーデンの生物学者、マーギット・ナスは、細胞内にある小さな器官であるミトコンドリア中に、DNAがあることを発見した。しかも、ミトコンドリアが持つDNAは、細胞核の持つDNAとは明らかに違う独自のものだったのである。このDNAは、「ミトコンドリアDNA」と呼ばれるものである。

細胞はDNAを複製して、細胞分裂をして増えていく。ミトコンドリアは、細胞の中で増殖し、細胞分裂に伴って、それぞれの細胞に分かれていく。まるで、ミトコンドリア自体が、細胞の中に棲《す》む生物であるかのようである。

同じようなDNAは、同じ年の一九六三年、コロンビア大学の石田政弘博士によって、植物細胞が持つ葉緑体の中にも発見された。葉緑体は葉緑素を持ち、植物にとって重要な光合成を司《つかさど》る細胞小器官である。この葉緑体も核DNAとは異なる独自の葉緑体DNAを持ち、細胞内で増殖するのである。

どうして、細胞内の小器官であるはずのミトコンドリアや葉緑体が、独自のDNAを持つのだろうか。

一九六七年、アメリカの生物学者リン・マーギュリスは、ミトコンドリアや葉緑体は、もともと独立した生物であったものが、細胞の中に取り込まれたのではないかと考えた。「細胞内共生説」である。

細胞の中に、別の生物が取り込まれているというこの説は、当初は奇抜な新説とされたが、現在では、常識的な定説となっている。

それにしても、どのようにしてミトコンドリアや葉緑体は、細胞小器官となったのだろう。

原核生物から真核生物へ

生物はＤＮＡが格納される核を持たない原核生物から、核を持つ真核生物へと進化を遂げた。

原核生物は、現在ではバクテリア（細菌）と呼ばれる生き物である。大腸菌や乳酸菌などのバクテリアは、原核生物である。

一方、一つの細胞で構成される単細胞生物のアメーバやゾウリムシは、核を持つ真核生物となる。

核を持つことのメリットは、ＤＮＡを核の中に格納することで、多くのＤＮＡを持つことができるようになったことにある。散らかしているよりも、入れ物に収納した方が、たくさんのものを整理して持つことができるのと同じである。

バクテリア

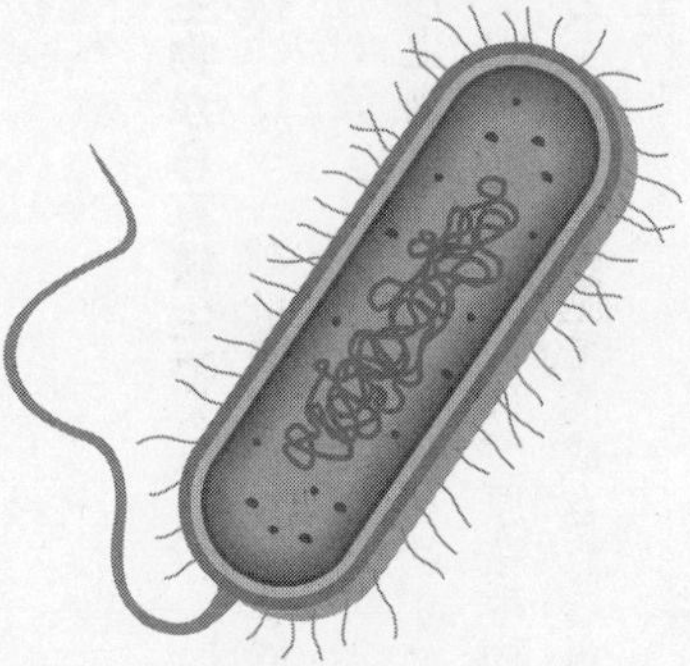

そして、核の中にDNAを格納することによって、核の外にさまざまな小器官を持つことができるようになった。

しかし、それにしても、原核生物から真核生物への進化の過程で、真核生物はさまざまな細胞小器官を発達させて、著《いちじる》しく複雑な構造を手に入れたのである。

いったい、何が起こったのだろう。原核生物から、真核生物への進化の過程は、謎に包まれていた。

そして、原核生物と真核生物の違いを説明したのが「細胞内共生説」なのである。

弱肉強食の起源

自然界は弱肉強食である。

強いものが弱いものの肉を食らう。これが掟《おきて》である。

百獣の王ライオンは、シマウマを襲って食べる。タカはネズミをつかまえてエサにする。プランクトンを小さな魚が食べ、小さな魚は、大きな魚に食べられる。そして、大きな魚は、より大きな魚に食べられ、より大きな魚もワニやシャチなどの餌食《えじき》となる。これが自然の摂理である。

この弱肉強食は、いったい、いつから生まれたのだろうか。

はるか昔、恐竜の時代には、肉食恐竜が草食恐竜を襲って食べていた。

そのはるか昔、まだ生物が陸上に進出することなく、魚たちが海で繁栄していた時代にも、弱肉強食はあった。そして、弱い魚たちは鎧《よろい》のような硬い皮で自らの身を天敵から守っていたのである。

魚類が出現する以前の古生代。それは今から、五億年も昔の三葉虫が海にいた時代。しかし、そんな時代にも弱肉強食はあった。古生代の海にはアノマロカリスという最強の肉食の生物がいて、力で劣る魚たちをエサにしていたのである。

弱肉強食は世の常だったのだ。

いったい、いつから生命の歴史はこんなにも殺伐《さつばつ》としたものになってしまったのだろう。

その起源は古い。驚くことに、生命が単細胞生物であった時代から、すでに強いものが弱いものを食う弱肉強食の世界があったと考えられているのである。

共存の道

単細胞生物たちは、弱肉強食の世界を繰り広げていた。小さな単細胞生物を大きな単細胞生物が取り込んで食べる。そして、大きな単細胞生物をより大きな単細胞生物が食べる。そんな世界である。

現在でもアメーバのような単細胞生物は、エサとなる単細胞生物を細胞内に取り込んで、消化する。しかし、何という偶然か、取り込まれた単細胞生物が、消化されることなく、その細胞の中で暮らすことになったのだ。おそらくミトコンドリアや葉緑体の祖先は、こうしてエサとして大きな細胞の中に捕えられたと考えられている。

ミトコンドリアの祖先は、酸素呼吸を行う細菌である。そして、細胞の中でミトコンドリアの祖先の生き物は、消化されることなくエネルギーを生み出した。また、細胞の中に取り込まれた葉緑体の祖先の生き物は、細胞の中で光合成を行うようになった。細胞内にミトコンドリアや葉緑体の祖先を取り込んだ単細胞生物は、より多くのエネルギーを得ることができる。

一方、ミトコンドリアや葉緑体にとっても悪い話ではない。大きな単細胞生物の体内に守られることで、他の単細胞生物から身を守ることができるようになったのだ。

こうして、大きな単細胞生物とミトコンドリアや葉緑体の祖先の生き物は共生を始めたと考えられている。これが現在、定説となっている「細胞内共生説」なのである。

真核生物の登場

細胞の中に、別のＤＮＡを持つ生物が共生するとなると、自らのＤＮＡをそこら中に散らかしておくわけにはいかない。そこで、細胞は細胞核を作り、自らのＤＮＡを格納した。これが真核生物である。もしかすると真核生物の祖先は、もともと核を持っていたことによって、ＤＮＡを持つ他の単細胞生物を無理なく取り込めたのかも知れない。

いずれにしても、原核生物から真核生物への進化は、核を持つことにあった。しかし、重要なのは、核を持つことではなく、そうすることによって、別の生き物を細胞内に取り込めたことにあったのだ。

ちなみに、エネルギーを生むミトコンドリアは動物細胞にも植物細胞にもあるのに対して、葉緑体は植物細胞にしか存在しない。

そのため、ミトコンドリアがより古い時代に取り込まれて先に共生をするようになり、その後、動物の祖先となる単細胞生物と、植物の祖先となる単細胞生物とに分かれた後に、葉緑体との共生が起こったと考えられている。

食べて共生する

それでも、とあなたは思うかも知れない。

食べたものを体内に取り入れて共生するなどということが、本当に起こりうるのだろうか。

じつは、現在でも「細胞内共生説」を連想させるような現象が観察される。

たとえば、ミドリアメーバと呼ばれるアメーバの仲間は、体の中にクロレラという単細胞生物を取り込んで共生させている。また、コンボルータと呼ばれる扁形《へんけい》動物は体内に藻類を共生させている。そして、光合成から得られた栄養分を利用して暮らしているのだ。

ゴクラクミドリガイと呼ばれるウミウシの仲間も、奇妙な生き物である。このウミウシは、エサとして食べた藻類に含まれていた葉緑体を体内に取り入れる。そして、その葉緑体を働かせて、栄養を得ているのである。

取り込んだ生物を、自らの器官のように利用するということは、ずいぶんと奇妙に感じられるかも知れない。

しかし、どうだろう。

私たちの体の中には腸内細菌がいる。腸内細菌は、私たちの胃腸の中に棲みついていて、病原菌の侵入を防いだり、分解しにくい食物繊維を分解したり、ビタミンなどの代謝物を生産したりと、さまざまな役割を果たしている。

万物の霊長などと偉そうにしている人間も、腸内細菌の働きがなければ、生きていくことはできないのだ。一人の人間の腸の中にいる腸内細菌は、一〇〇兆とも、一〇〇〇兆とも言われている。

この腸内細菌は、もともとは外部から、やってきたものである。私たちは食べ物などを介して、口から体内に取り入れた大腸菌と共生しているのである。

進化の頂点に立っているかのように偉そうにしている人間も、やっていることははるか昔の単細胞生物たちの共生と何ら変わらない。食べたものと共生するというのは、そんなに奇妙なことではないのだ。

競争より共生

この共生によって、単細胞生物は一気に進化を遂げていく。

自然界は弱肉強食の世界であり、常に生き馬の目を抜くような激しい争いが繰り広げられている。しかも、自然界には人間界のようなルールや法律もなければ、何の道徳心もない。何でもありの厳しい世界なのである。

しかし、その中で、生物は互いに助け合う「共生」という戦略を作り出した。

現在でも、自然界を見渡せば、植物の花は昆虫に蜜を与え、昆虫は花粉を運ぶ。鳥たちは植物の果実を食べて、種子を散布する。アブラムシは甘い汁を出し、それをもらうアリはアブラムシを守る。自然界にはこのように互いに利益を得る「相利《そうり》共生」という現象が見られる。

食うか食われるかが繰り返される弱肉強食の世界。しかし、そんな殺伐とした自然界で、生物は競い合い、争いながらも、ウィン－ウィンとなるパートナーシップを築いている。

争い合うよりも、助け合う方が強い。これが厳しい自然淘汰《とうた》の中で生物が導いた答えである。そして、生物のその試みの最初が、ミトコンドリアや葉緑体の祖先との細胞内における共生だったのである。

核さえ持たないような下等な単細胞生物である。それなのに、何が彼らに「助け合う」という戦略を授けたのだろうか。

その答えはわからない。

しかし、単細胞生物のあるものが共生を始め、真核生物が登場したちょうどその頃、地球では大規模な環境の変化が起こっていた。それがスノーボール・アースである。

スノーボール・アースは日本語では「全球凍結」と訳される。スノーボール・アースは文字通り、地球全体が氷に覆われてしまった状態をいう。大気の温度はマイナス五〇度にもなり、地球全体が凍結してしまった。現在では考えられないような激しい環境変化が、地球を襲ったのだ。

この全球凍結は、地球上のすべての生命を滅ぼすほどの、大きな環境の変化であった。しかし、多くの生命が滅びた中で、いくつかの生命は深い海の底や地中深くで、しぶとく生き延びた。そして、この大事件の後に、ミトコンドリアを飲み込み、共存する道を選んだ真核生物が登場するのである。

いったい、何が起こったのだろう。真相はわからない。

しかし、厳しい地球環境が、助け合う単細胞生物を生み出した。もしかすると、厳しく激しい環境の変化の中では、能力の異なるものが組むということが、とても有効な方法だったのかも知れないのである。

私たちの祖先の原核生物

原核生物から真核生物への進化を、もう少し詳しく見てみることにしよう。

最初に地球に生まれた生物は、核を持たない原核生物である。この原核生物は、やがて二つのグループに分かれた。一つが、現在も主流のバクテリアと呼ばれるグループである。バクテリアは一般的に細菌と呼ばれるが、原核生物である細菌を二つに分けた場合は、「真正細菌」という名前で呼ばれる。

もう一つがアーキアと呼ばれるグループである。バクテリアが乳酸菌や大腸菌、コレラ菌などに見られるように、私たちのまわりで大活躍をしているのと比べると、アーキアは、私たち人間から見るとマイナーな存在で、古代の地球と似たような特殊な環境に暮らしている。そのため、アーキアは日本語では「古《こ》細菌」と呼ばれている。

二つのグループに分かれたというだけで、どちらが古いとか新しいということはないのだが、古臭い感じがするので、「古細菌」と呼ばれているのだ。

アーキアの仲間には、深い海の底や地中でメタンガスを吐き出しているメタン細菌などの例がある。他にも鉄をエサにしている鉄細菌や、熱水噴出孔の中にいる好熱菌など、私たちから見ると特殊で、過酷な環境の中に生きているものが多い。

しかし、じつはこのアーキアこそが、私たち人類の祖先である。

アーキアの仲間が、核を持ち、真核生物となり、ミトコンドリアや葉緑体の祖先を取り込んで、華々しい進化を遂げていくのだ。

私たちの祖先となるアーキアは、自ら栄養分を作り出すことができず、他の単細胞生物を食べる従属栄養生物だったと考えられている。

一方、取り込まれたミトコンドリアや葉緑体の祖先は、真正細菌であるバクテリアの仲間である。私たちの細胞は、古細菌（アーキア）と真正細菌（バクテリア）との、コラボレーションによって生まれたのである。

時代に取り残されたバクテリアたち

原核生物から真核生物への鮮やかな進化。

その後、真核生物は著しく進化を遂げて、さまざまな動植物となった。真核生物が地球上で繁栄しているのと比べると、細胞核さえ持っていない原核生物は、ずいぶんと古臭く、時代遅れな生物に思える。

しかし、どうだろう。

彼らははたして敗者だったのだろうか。

二十七億年も前に時代遅れとなったはずの、原核生物は、今も滅んでいない。長い地球の歴史を生き抜いているのである。

彼らは、より大きく、より複雑になる生物の進化に抗《あらが》い、シンプルで単純な形を守り続けてきた。

彼らの持つ遺伝子は少ない。少ない遺伝子をコピーして速いスピードで増殖することもできる。また、少ない遺伝子を速やかに変異させて、あらゆる環境の変化に適応することも可能である。多くの生物が生まれ、多くの生物が滅んでも、バクテリアはずっと核を持たない単細胞生物のまま、変わらずにいた。

古い時代の原核生物は、現在ではバクテリア（細菌）と呼ばれている。彼らは現代でも絶滅に瀕《ひん》してはいない。それどころか、地球上のありとあらゆる場所で繁栄している。

上空八〇〇〇メートルまでの大気圏から、水深一万一〇〇〇メートルの深海までバクテリアは分布している。何百万種とも、何千万種とも言われているが、いったい、どれくらいの種類があるのかわからない。それほどまでに、ありとあらゆる場所にいるのである。

バクテリアは私たちの身近にも存在する。

ヨーグルトやチーズを作る乳酸菌や納豆を作る枯草菌《こそう》は、すべてバクテリアである。コレラ菌や結核菌など、人間の命を脅かす病原菌にもバクテリアは多い。そればかりか、人間が体内で共生している腸内細菌もバクテリアの仲間である。

彼らは、けっして進化の落伍者《らくごしゃ》でも敗者でもない。単純でシンプルな形とスタイルを選んだ成功者なのである。

もし今、知的な地球外生命体が地球を観察したとしたら、世界でもっとも繁栄しているのはバクテリアだと観測するかも知れない。そして、おそらくはバクテリアこそがもっとも進化に成功した種だということだろう。

単細胞のチーム・ビルディング　十億〜六億年前

多細胞生物のはじまり

単純で理解が浅い人は「単細胞」と悪口を言われる。

しかし、単細胞生物というのは、一つの細胞からなる生物のことである。どんなに考え方が単純であったとしても、人間は間違いなく多細胞生物である。人間の体は、七〇兆個もの細胞からできていると言われている。つまり、細胞が集まった多細胞生物である。

それにしても、多細胞生物は、どのようにして発生したのだろう。

その昔、単細胞生物は、ミトコンドリアなどの細菌と共生し、その仕組みを複雑にして、細胞を大きくしていった。

くても体を大きくすることができるのだ。

しかし、細胞を大きくするのには限界がある。

そこで細胞は集まって、より大きな塊を作るという道を模索するようになる。分裂した細胞が離れることなく、寄り集まることができれば、一つ一つの細胞は小さくても体を大きくすることができるのだ。

群れるメリット

現在でも、生物は群れる。

「弱い者ほどよく群れる」と言われるように、「群れる」というのは、弱い生物の常套《じょうとう》手段である。俗に「弱いやつほど群れたがる」と言われる。確かに弱い生き物は群れを作る。小さなイワシは群れで泳いで、大きな魚から身を守るし、シマウマもライオンを恐れて群れている。

群れることには、身を守る上でメリットがある。

たとえば、シマウマが群れるのは、天敵に対する抵抗能力が高まるためである。一頭で警戒しているよりも、多くの仲間で警戒する方が、天敵を見つけやすい。また、一頭で草を食べていれば、天敵に狙われやすいが、草を食べていない仲間が警戒していれば、夢中になって草を食べることができるだろう。

また、群れることによって、自分自身が襲われるリスクが減るというメリットもある。ライオンに群れが襲われたとしても、餌食になるのは一頭だけである。群れが襲われたとしても、多くのシマウマがいるので、天敵に狙われにくくなるのだ。集まることによって、防御力が高まることもある。

ジャコウウシの群れは、オオカミに襲われると、子どものウシを中心にして、それを囲むように円陣を組み、外側に角を向ける。角は一方向しか守ることができないが、こうして集まって円になれば、三六〇度死角なく守ることができるのだ。

細胞が集まる理由

細胞が集まる理由も、防御力を高めることにあったのだろうか。

一つの細胞では、四方八方すべての方向を守らなければならない。しかし、細胞と細胞が並んでくっつけば、半面だけを守ればいい。さらに、細胞が集まれば、群れの内側の細胞は安全になる。くっついて細胞の塊が大きくなればなるほど、内側の安全な細胞となる確率も高まる。

鰯（イワシ）という漢字は魚偏に弱いと書く。文字通り、弱い魚である。

弱い魚であるイワシは、天敵から身を守るために何万匹という大きな群れを作る。最近では、水族館などでもイワシの群れの展示が見られるようになってきた。あっちやこっちへ一斉に動く「イワシ玉」は壮観だし、エサを与えたときに群れ全体が渦を巻くような「イワシのトルネード」は水族館の目玉になっている。

群れの一部の魚が動けば群れ全体が動く。イワシの群れを見ていると、あたかも大きな生物が意志を持って動いているかのように見える。じつは、これも小さな魚が群れを作る効果の一つである。

イワシの群れは、もはや一つの生物と言っていいように思える。

細胞も同じである。細胞が分裂を繰り返しながら、集合体を作っていく。元はと言えば、一つの細胞から作られた塊である。これは多くの細胞の塊であるけれども、一つの集合体と見てもいいのではないだろうか。

こうして、細胞は集まることによって、一つの体を持つ生命体を作り上げた。これが多細胞生物である。

海底都市の住人

世界中で愛されているアメリカのＴＶアニメ『スポンジ・ボブ』の主人公は、黄色いスポンジである。舞台は、海の底の街。そこに住むボブの仲間たちは、カニやイカ、ヒトデなどの海の生き物たちだ。どうして、海の生き物たちに混じって、スポンジが住んでいるのだろう。もしかしたら、海に捨てられたゴミなのでは、と思っている人も多いようである。

じつは、スポンジというのは日本語では「海綿」と呼ばれる海の生き物である。多細胞生物で「海綿」と呼ばれるように柔らかな構造をしていたことから、食器や体を洗うのに使われていた。この天然のスポンジを模《も》して、合成樹脂などで人工のスポンジが作られたのである。

スポンジと呼ばれる海綿動物は、細胞が集まっただけの細胞の塊である。スポンジは原始的な多細胞生物なのである。

スポンジのボブの体は穴だらけだが、それは細胞が集まって完全な一つの体を作っているのではなく、単なる細胞の寄せ集めだからである。

多細胞生物の役割分担

細胞は、最初は寄り集まるだけだった。この細胞の集まりは「群体」と呼ばれている。

しかし、寄り集まることによって、やがて細胞はそれぞれが役割分担を果たすようになる。

たとえば、細胞の集まりの周縁にいる細胞は、集団の外側にいるから、好むと好まざるとにかかわらず、集団を守る役割を与えられる。一方、集団の中にいる細胞は、他の細胞に守られるから、細胞を守ることに労力を割かなくても良くなる。そうだとすれば、外側の細胞に栄養を与えてサポートをする方が、自分の身を守る上では効率的かも知れない。

こうして、次第に役割分担を明確にしていく中で、細胞どうしが物質をやり取りしたり、信号を送ったりすることによって、よりスムーズに役割分担を果たすようになる。

その結果、いくつもの細胞が連携して一つの生命活動を行う多細胞生物が生まれていくのである。

いくつかの生命が役割分担をしながら協力をした方が得になる、という共生の思想は、真核生物は、すでにミトコンドリアとの共生で経験済みだ。

複雑な単細胞生物

多細胞生物は、多くの細胞が役割分担をして一つの生命体を作り上げるようになった。

私たちは多細胞生物である。

私たちの体では次々に新しい細胞が生まれて、古い細胞が次々に死んでいく。私たちは死ななくても、肌の細胞は次々に死んで垢《あか》となっていく。髪の毛や爪は死んだ細胞から作られていて、やがて私たちの体から切り離されていく。逆に、私たちが死ねば、胃袋も指先の細胞も、やがてはすべて死滅する。私たちの体はおよそ七〇兆個の細胞から作られているという。私たちもまた、多くの細胞が寄り集まって作られた多細胞生物なのである。

こうして多細胞生物は、より複雑になり、より大型の生物に進化を遂げた。

しかし、である。

現在でも単細胞生物のまま、この地球に暮らしている生物もたくさんいる。たとえば、ミドリムシやゾウリムシなどは、単細胞生物でありながら、複雑な器官を進化させて、高度な生命活動を行っている。カサノリは単細胞生物だが、一〇センチメートルもの巨大な体を持ち、葉っぱのような構造を発達させている。

考えてみれば、そもそも、どうして、複雑にならなければならないのだろうか。どうして、大きく成長しなければならないのだろうか。

冷静になってみれば、生きるだけであれば、細胞一つで十分なのだ。

古人は、足るを知る。すべてを捨てよ、と言った。生きる意味を考えれば、高い能力も高い知性も必要ない。単細胞で十分ではないのだろうか。

「単細胞！」とバカにすることなかれ。単細胞生物はそんな悟りを開いた生物でもあるのだ。

多細胞生物が生まれた理由

この地球に多細胞生物が出現したのは、いったい、いつ頃なのか。これはまだ明らかにされていない。しかし、多細胞生物の出現にもスノーボール・アースが関係

している と考えられている。

　地球上が凍りついてしまうような劇的な全球凍結は、数度にわたって起こったと考えられている。最初のスノーボール・アースがおよそ二十三億年前のことである。すでに紹介したように、このスノーボール・アースの後、地球には真核生物が登場するのである。

　次に約七億二千万年前のスターチアン氷河期と約六億三千万年前のマリノアン氷河期の二度のスノーボール・アースに襲われる。そして、この直後の地層から多細胞生物の化石が発掘されるのである。

　凍りつくような厳しい環境の中で、いったい生物たちに何が起こったのか。生物たちは、どのようにして過酷な環境を生き延びたのか。さまざまな想像をすることはできるが、すべては謎である。

　しかし、大きな変化と過酷な環境が生命を著しく進化させた。これだけは事実なのである。生命は、過酷な逆境でこそ進化を遂げるのである。

動く必要がなければ動かない

二十二億年前

想像を超える奇妙な生物

想像力を働かせて、考えられる限りの奇妙な生物を描いてみよう。

頭がいくつかあるかも知れないし、目がないかも知れない。

しかし、おそらく、私たちが思いつくどんな奇妙な生き物よりも奇妙な生き物がいる。

それが「植物」である。

何しろ目も口も耳もない。手足もなければ顔もない。動き回ることもなく、エサを食べることもない。そして、太陽の光でエネルギーを作り出しているのだ。

こんな奇妙な生き物を他に思いつくことができるだろうか？

植物は本当に、奇妙な生物である。

古代ギリシアの哲学者アリストテレスは、植物を評して「植物は、逆立ちした人間である」と言った。

私たちは栄養を摂《と》る口は上半身にあるが、植物の栄養を摂る根は下半身にある。そして植物は生殖器官である花が上半身にあり、人間は生殖器官が下半身にあるとしたのである。頭を地面に突っ込んで食糧を得ながら、「頭隠して尻隠さず」のことわざどおり、下半身を地面の上に出して、生殖器官をもっとも目立たせている。

植物は、こんな生き物なのだ。

植物は、人間とはまったく異なる姿形をしている生物である。そして、まったく異なる生き方をしている生き物である。

この奇妙な生物である「植物」は、いったいどのようにして生まれたのだろう。

祖先を遡る

お盆やお彼岸には、祖先を供養《くよう》するためにお墓参りをする。

あなたの祖先をたどってみると、どこまで遡《さかのぼ》れるだろうか。

三代前は、もうわからないという方もいるだろうし、十代以上も家系をたどることができるという人もいるだろう。

あなたの祖先が何代、何十代前まで遡れるかはわからないが、もっともっと遡ってみよう。

数十万年前まで、たどっていくと、人類は共通の祖先にたどりつく。そして、二百万年も遡れば、原人も含めたヒト属の祖先に行き着く。もっと遡れば、人類は、チンパンジーやオランウータンなど類人猿と共通の祖先を持ち、類人猿と親戚どうしであることがわかるだろう。類人猿は小さなサルから進化を遂げたし、サルも含めた哺乳類の祖先は、現代のネズミのような小さな生物であったと考えられている。

この哺乳類は爬虫《はちゅう》類の一部から進化したとされている。さらに遡れば爬虫類は両生類から進化をし、両生類は魚類から進化した。古生代までたどれば、人間もすべての動物も、鳥もトカゲもカエルも魚も、皆、同じ祖先に遡ることができるのである。

それでも、まだまだ祖先をたどってみよう。さらに遡って六億年も昔になれば、私たち脊椎《せきつい》動物の祖先と、昆虫たち節足動物の祖先は共通になる。

こうしてたどっていけば、ついに私たち動物は、植物と同じ祖先の単細胞生物にたどりつく。植物と動物とは、同じ祖先から分かれた遠い親戚のようなものなのだ。

家系図では始祖や初代が重んじられるが、そう思えば、私たちの祖先である単細胞生物というのは、本当に立派な存在だ。

しかし、共通の祖先を持つとはいえ、動物と植物とは、あまりにも姿形や生き方が異なる。動物と植物とは、どのようにして袂《たもと》を分かち、異なる道を歩み始めたのだろう。

共通の祖先から生まれた動物と植物

話を二十七億年前に戻そう。

まだ、細胞が集まった多細胞生物は生まれていない。単細胞生物が細菌と共生を始めた頃の話だ。

私たちの祖先である単細胞生物は、ミトコンドリアの祖先である細菌を取り込み、共生を始めた。ミトコンドリアは酸素呼吸を行い、莫大《ばくだい》なエネルギーを生み出すことができる。ミトコンドリアとの共生によって、私たちの祖先は、酸素呼吸をする生き物としての道を歩み始めたのだ。

そして、事件が起こる。

ミトコンドリアと共生を始めた単細胞生物のうち、あるものが葉緑体の祖先となる生物を取り込んで共生をするようになったのである。葉緑体もミトコンドリアと同じように、独自のＤＮＡを持つ独立した生物である。

これが植物の祖先である。

ミトコンドリアと共生を始めた頃、動物の祖先と植物の祖先は、同じ生物であった。しかし、葉緑体との共生を行うことによって、植物の祖先は、私たち動物の祖先とは異なる道を歩み始めるのである。

私たち動物は動き回るが、植物は動かない。

植物は、私たち人間のように、歩き回ったり、走ったりすることもない。食事もしない。「どうして植物は動かないのですか？」と聞かれることがある。

その答えを植物自身に聞いてみたら、植物はきっとこう答えるだろう。
「どうして、人間はあんなに動かなければ生きていけないのですか?」

動かない植物細胞が手に入れたもの

葉緑体を手に入れた植物細胞は、太陽の光で光合成を行うことができるから、動く必要がない。光さえあれば良いのだから、動き回って無駄にエネルギーを使うよりも、光が十分当たるところに腰を据えた方がいい。そして、光を浴びやすいように、細胞を並べて、構造物を作った方が良い。そこで、植物細胞は、しっかりとした構造を築くために、細胞壁を作った。

また、植物は動かないので、病原菌から逃げることができない。細胞壁は、防御力を高めることにも貢献する。そのため、動物細胞は細胞壁がないが、植物細胞は細胞壁を持つのである。

もっとも、葉緑体を持たずに植物細胞と進化の別れを告げた生物の中にも、細胞壁を持つものが現れた。それが菌類である。菌類は動かない植物をエサにして、光合成で植物が作り出した栄養分を奪い取るという生活を発達させた。そして、動かない植物とともに動かない道を選んだ菌類の細胞もまた、細胞壁を持つようになるのである。

こうして、動かない生活を送る生物が発達する一方で、菌類と袂を分けた生物は、動き回る積極的な戦略を選択した。つまり、防御するのではなく、まわりのものを積極的に取り入れて消化する。そして、有害なものがあれば、代謝・分解して、排出するのである。このように、まわりと積極的に物質をやり取りするのであれば、細胞壁はない方が良い。

これが動物の祖先なのである。動物と菌類とは似ても似つかないような気がするが、自分で栄養を作り出すことができず、他の生物に依存して栄養を獲得している生き方は、まったく共通しているのである。

生物の選んだ三つの道

現在、地球上の真核生物は、動物と植物、菌類とに分けられている。

かつては、動物と植物の大きく二つに分けられていて、キノコやカビなどの菌類は植物に含まれていたが、現在では、植物とは異なる存在とされている。

しかし、動物も植物も菌類も元をたどれば、共通の祖先にたどりつく。真核生物の祖先は、自ら栄養を作り出すことはできず、もっぱら他の生物を食べては栄養を得る、従属栄養の生物であった。そして、ミトコンドリアを細胞内に捕えて、共生生活を始めたのである。ここまでは、動物も植物も菌類も、同じである。

このうち、葉緑体と共生を始めたものが植物の祖先となった。

そして、葉緑体との共生を行わなかったもののうち、細胞壁を選択したものが菌類の祖先となった。そして、細胞壁を持たなかったものが動物の祖先となったのである。

この植物、動物、菌類の基礎となる真核生物は、急激に進化を遂げて地球に出現したとされている。これは「真核生物のビッグバン」と呼ばれている。

このときに出現した、植物、動物、菌類の関係はどうだろう。

現代の生態系において、植物は光合成によって栄養分を作り出す「生産者」と呼ばれている。これに対して、植物をエサとする草食動物や、あるいは草食動物をエサにする肉食動物は、植物の作り出した栄養分に依存する「消費者」と呼ばれている。

そして、菌類は植物や動物の死骸を分解して栄養を得る「分解者」と呼ばれている。この植物と動物と菌類の働きによって、有機物が循環する生態系が作られているのである。

真核生物の登場と時をほぼ同じくして、現在の生態系を支える三者の祖先がすでに揃い踏みしていたというのは、何だか不思議である。

葉緑体の魅力

葉緑体を持つことによって、植物は動き回ってエサを探さなくても、栄養を得ることができるようになった。動く必要もないので、一定の場所に留《とど》まり、次々に栄養を作り出していく。そうなると細胞を大きくして、葉緑体を増やし、ますます栄養を作り出す。

ビジネスモデルを得た小さな町工場が、大規模化していくように、葉緑体を持った細胞もサイズを大きくしていく。すると大きくなった細胞を支えるために、細胞のまわりを補強するようになった。こうして作られたのが細胞壁である。

動物の祖先となった単細胞生物は、葉緑体と共生することができなかった。そのため、エサを探し、栄養を得るために、動き回らなければならなくなったのである。こうして、動物の祖先となる生物は、運動能力を向上させていく。

しかし、葉緑体と共生するということは、相当、利便性が高いのだろう。進化の過程で、新たに葉緑体を取り込むことにチャレンジしているものもいる。

カビの仲間の菌類は葉緑体を持たない。そこで菌類の中のあるものは、葉緑体を持つバクテリアである緑藻や藍藻《らんそう》と共生する道を選んだ。それが地衣類である。

さらには、動物の中にも葉緑体を取り入れるものがある。

二九頁ですでに紹介したゴクラクミドリガイは、食べた緑藻から得た葉緑体を体内に囲い込んで栄養を得ている。

現代であっても、葉緑体を取り込むことは、それだけ優れた戦略なのである。

破壊者か創造者か

二十七億年前

SFの近未来

核戦争後の地球。

豊かだった大地は放射能で汚染され、人類は滅亡の危機にさらされた。

わずかに残った人類は放射能の届かない地中深くに逃れ、どうにか生き延びるより他ない。

驚くべきことに、すべての生命がいなくなったかに見えた地上では、充満した放射能からエネルギーを吸収するように進化を遂げた新たな生物が地上を支配しつつあった……まさにSFの世界。

しかし、これとよく似た話が、かつて地球に起こったのである。まさか古代文明の民が、地下に逃れて地底人となったという話ではあるまい。

実はこれこそが、植物誕生につながる物語なのである。

時計の針を少しだけ巻き戻すことにしよう。

それは、植物の祖先となる単細胞生物が葉緑体の祖先を取り込む少し前のことである。

酸素という猛毒

私たちの生命の維持に欠かせない酸素だが、本来は、猛毒のガスである。

酸素はあらゆるものを酸化させて錆《さ》びつかせてしまう。鉄や銅などの丈夫な金属さえも、酸素にふれると錆びついてボロボロになってしまうのだ。

もちろん、生命を構成する物質も、酸化して錆びついてしまう。酸素を必要としている私たち人間の体でさえも、酸素が多すぎると、活性酸素が発生して老化が進むと言われている。

このように酸素は、生命をおびやかす毒性のある物質なのである。

古代の地球には「酸素」という物質は存在しなかった。ところが、二十七億年前に、突如として「酸素」という猛毒が地球上に現れる。

この事件は「大酸化イベント」と呼ばれている。

どうして、酸素がまったく存在しなかった地球に酸素が出現したのか。これは大いなる謎である。しかし、その理由として「シアノバクテリア」という怪物の出現が考えられている。

シアノバクテリアとは、いったいどのような生物なのだろうか。

ニュータイプの登場

地球に生命が生まれた三十八億年前。

当時の地球には酸素は存在しておらず、おそらくは金星や火星などの惑星と同じように、大気の主成分は二酸化炭素だったと考えられている。

酸素のない地球に最初に誕生した小さな微生物たちは、硫化水素を分解してわずかなエネルギーを作って暮らしていた。微生物たちにとって、つつましくも平和な時代が続いたのである。

ところが、である。その平和な日々を乱す事件が起こった。光を利用してエネルギーを生み出すこれまでにないニュータイプの微生物が現れたのだ。彼らこそが、光合成を行うシアノバクテリアという細菌である。

シアノバクテリアが持つ光合成は、脅威的なシステムである。

光合成は光のエネルギーを利用して、二酸化炭素と水からエネルギー源の糖を生み出す。この光合成によって作り出されるエネルギーは莫大である。まさに革新的な技術革命が起こったのだ。ただし、光合成には欠点があった。どうしても廃棄物が出るのである。光合成の化学反応で糖を作り出すとき、余ったものが酸素となる。

酸素は廃棄物なのだ。こうしていらなくなった酸素は、シアノバクテリアの体外に排出されていったのである。

もちろん、公害規制もない時代だから、酸素は垂れ流し状態だ。当時ほとんど酸素がなかった地球だったが、目に余るシアノバクテリアの活動によって次第に大気中の酸素濃度は高まっていったのである。

酸素の脅威

生命にとって酸素は、本来は猛毒である。

地球で繁栄していた微生物の多くは、酸素のために死滅してしまった。酸素濃度の上昇によって地球上の生物が絶滅した事件は「酸素ホロコースト」と呼ばれている。ホロコーストというのは、第二次世界大戦中のドイツ人によるユダヤ人の大量虐殺をいう。毒ガスで人を殺す強制収容所もあった。何とも物騒な言い方ではあるが、当時の地球に暮らす微生物にとって、酸素濃度が高まることは、それほど恐ろしい危機だったのだ。

そして、わずかに生き残った微生物たちは、地中や深海など酸素のない環境に身を潜めて、ひっそりと生きるほかなかったのである。

そして、生命は共生した

ところが、である。酸素の毒で死滅しないばかりか、酸素を体内に取り込んで生命活動を行う怪物が登場した。まさに毒を食らわば皿まで、である。

酸素は毒性がある代わりに、爆発的なエネルギーを生み出す力がある。酸素は諸《もろ》刃《は》の剣なのだ。危険を承知で、この禁断の酸素に手を出した微生物は、これまでにない豊富なエネルギーを生み出すことに成功した。それが、二〇頁ですでに紹介したミトコンドリアの祖先である。そして、ある単細胞生物は、この怪物のような生物を取り込むことによって、自らもまた酸素の中で生き抜くモンスターとなる道を選択した。

これが私たちの祖先となる単細胞生物である。後に、このモンスターは豊富な酸素を利用して丈夫なコラーゲンを作り上げ、体を巨大化することに成功する。そして、猛毒の酸素が生み出す強大な力を利用して、活発に動き回ることができるようになるのである。

SF映画で描かれる核戦争後の地球。莫大なエネルギーを持つ放射能で生物は巨大化し、凶暴な怪獣となる。酸素によって巨大化し、猛毒の酸素をおいしそうに深呼吸する人間は、滅びた微生物から見れば、SF映画の未来の怪物さながらの存在と言えるだろう。

それだけではない。このモンスターのうちのあるものは、酸素を作り出すシアノバクテリアをも取り込んで、光合成によってエネルギーを生み出す進化を遂げた。

そして、シアノバクテリアは細胞の中で葉緑体となり、葉緑体を獲得したこの単細胞生物は、後に植物となっていくのである。

それにしても、何という恐ろしい世界だろう。

平和に暮らしていた微生物たちの多くは、酸素に満ちた地球環境に適応できずに滅んでしまった。そして、酸素にあふれた地球は、酸素という猛毒を吐き出す植物の祖先となるモンスターと、その酸素を利用する動物の祖先となるモンスターとに二分して支配されるようになるのである。

酸素が作り出した環境

光合成を行う生物たちは、酸素を放出し、それまでの地球環境を変貌させていく。

シアノバクテリアによって産出された酸素は、海中に溶けていた鉄イオンと反応して酸化鉄を作る。そして酸化鉄は海中に沈んでいったのである。

その後の地殻変動によって、酸化鉄の堆積《たいせき》によって作られた鉄鉱床は、後に地上に現れる。そして、はるか遠い未来に、地球の歴史に人類が出現すると、人類はこの鉄鉱床から鉄を得る技術を発達させるのである。人類は鉄を使って、農具を作り、農業生産力を高めた。やがて、鉄を使って武器を作り、争うようになった。すべてはシアノバクテリアのせいである。

さらに、大気中に放出された酸素は地球環境を大きく変貌させる結果を招いた。酸素は地球に降り注ぐ紫外線に当たるとオゾンという物質に変化する。シアノバクテリアによって排出された酸素は、やがてオゾンとなり、行き場のないオゾンは上空に吹き溜まりとなって充満した。こうして作られたのがオゾン層である。まさに地球環境を大改変してしまったのだ。

ただし、このオゾン層は生命の進化にとって思いがけず重要な役割を果たした。かつて地球には大量の紫外線が降り注いでいた。この紫外線は、お肌の大敵と言われるが、DNAを破壊し、生命を脅かすほど有害なものである。殺菌に紫外線ランプが使われるのもそのためだ。

じつは、オゾンには紫外線を吸収する作用がある。そのため、上空に作られたオゾン層は、地上に降り注いでいた有害な紫外線を遮ってくれるようになったのである。これまで紫外線が降り注ぎ、生命が存在できなかった地上の環境は一変した。

やがて海の中にいたシアノバクテリアは、植物の祖先と共生して植物となり、地上へと進出を果たすようになる。自ら吐き出した酸素によって、新たな住み場所を作った。そして、ますます酸素を放出し、植物たちの楽園を作ったのである。

地球の環境を取り戻せ

植物は、酸素を排出し地球環境を激変させた環境の破壊者である。

しかし、その地球環境が今、再び変貌を遂げようとしている。今度は、人間が放出する大量の二酸化炭素がその原因だという。

人類はものすごい勢いで石炭や石油などの化石燃料を燃やして大気中の二酸化炭素の濃度を上昇させている。そして私たちの放出したフロンガスは、かつて酸素から作られたオゾン層を破壊している。遮られていた紫外線は再び、地表に降り注ぎつつある。そして、人類は地上に広がった森林を伐採し、酸素を供給する植物を減少させている。

生命三十八億年の歴史の末に進化の頂点に立った人類が、二酸化炭素に満ち溢れ、紫外線が降り注いだシアノバクテリア誕生以前の古代の地球の環境を作りつつあるのである。酸素のために迫害を受けた古代の微生物たちは、地中の奥深くで再び時代が巡ってきたことをほくそ笑んでいるだろう。

三十八億年の地球の歴史の中で、地球環境は大きく変化してきた。それに比べれば、人間のやっている環境破壊など、ほんの小さなことかも知れない。

シアノバクテリアが出現する以前、地球の歴史で、最初に光合成を行う微生物が生まれたのは、三十五億年前と言われている。やがて、古代の海に生まれたシアノバクテリアが、酸素を撒《ま》き散らし、オゾン層を作り上げるまでに生命の最初の光合成から三十億年の歳月を費やした。さらに地上に進出した植物が酸素濃度を上げるまでに六億年の歳月が必要だったのである。

人類による環境破壊は、たかだか百年単位で引き起こされている。これは、光合成による地球環境の変化の一〇〇万倍以上のスピードだ。この変化のスピードでは、生物たちの進化が環境の変化に追いつくことはないだろう。そして多くの生命が滅ぶことだろう。たとえ、いくらかの生物が地球に生き残るとしても、人類はこの地球環境の激変に耐えられるのだろうか。

もし、遠くの星から、宇宙人たちが地球を観測しているとしたら、人類のことをどう思うだろうか。自分たちを犠牲にしてまで、本来の古代の地球環境を取り戻そうとする健気《けなげ》な存在だと思うのではないだろうか。

死の発明

十億年前

男と女の世界

どうして世の中には、男と女がいるのだろうか。

男と女がいるがために、私たちは相当のエネルギーと時間を費やしている。子どもの頃から異性を意識して、男子はカッコつけてみたり、女子はかわいくおしゃれをする。

思春期の頃は、好きな人のことを思って、眠れぬ夜を過ごしたり、何度も何度も文章を直してラブレターを書いたりする。バレンタインデーやホワイトデーともなれば、お金も必要だ。恋をすれば、勉強が手につかなくなったり、部活に集中できなかったりする。大好きなアイドルのテレビにくぎ付けになったり、コンサートに出掛けたり、ＣＤや写真集にお金を使う。

大人になれば男はデートも奮発しなければならないし、女はおしゃれにお金がかかる。それなのに失恋すれば、何日も落ち込まなければならない。それもこれも、男と女という存在があるからなのだ。

男と女というのは、本当にエネルギーと時間を要する無駄なシステムである。

しかし、人間だけではなく、動物にも鳥にも魚にもオスとメスとがある。虫にさえもオスとメスとがある。植物にだって、雄しべと雌しべがある。

どうして、生物には雌雄という性があるのだろう。

お姉さんの名回答

子どもたちの素朴な質問に、専門家がわかりやすく答えるラジオの電話相談室には、ときどきドキッとするような質問が寄せられる。

あるとき、小さな子どもから、こんな質問があった。

「どうして、男の子と女の子がいるの？」

世の中には、男と女がいる。大人にとっては当たり前のようにも思えるが、よくよく考えてみれば、別に生物にオスとメスがいなければならないというものでもない。オスとメスとがいるというのは、じつに不思議なことなのである。幼い子どもたちの「なぜ?」や「どうして?」は他愛もないものに聞こえるが、ときに本質を突く。

ラジオの電話相談室では、科学の質問に対する専門家の先生のわかりやすい説明が魅力だが、ときに専門家の先生が子どもたちの素朴な質問の前にやり込められてしまうのも面白い。

専門家の先生はタジタジだ。「○○くんは、X染色体とY染色体ってわかるかな」と説明していたが、幼い子どもにそんなことがわかるはずもない。子どもがチンプンカンプンな様子が伝わってくる。

何となく気まずい雰囲気が続いたとき、司会のお姉さんがたまらずこう語りかけた。

「○○くんは、男の子だけで遊ぶのと、男の子と女の子とみんなで遊ぶのは、どちらが楽しいかな？」

「みんなで遊ぶ方が楽しい……」

「そうだね、だからきっと男の子と女の子がいるんだね」

「うん」と男の子ははじけるような元気な声で返事をして、電話を切った。私はラジオのお姉さんの回答に心から感心した。

「男の子と女の子とがいると楽しい」。これこそが、生物の進化がオスとメスとを生み出した理由なのである。

手持ちの材料の限界

オスとメスがいるのは、子孫を残すためだと思うかも知れないが、別にオスとメスがいなくても、子孫を残すことはできる。

その昔、地球に誕生した単細胞生物には雌雄の区別はなく、単純に細胞分裂をして増えるだけだった。実際に今でも、単細胞生物は、細胞分裂で増えていく。

ただし、細胞分裂をして増えていくということは、元の個体をコピーしていくことである。そのため、どんなに増えても元の個体と同じ性質の個体が増えるだけである。

しかし、すべての個体が同じ性質であるということは、もし環境が変化して、生存に適さない環境になると、全滅してしまうことも起こりうる。

一方、もしさまざまな性質の個体が存在していれば、環境が変化しても、そのうちの、どれかは生き残ることができるかも知れない。

そのため、同じ性質の個体が増えていくよりも、性質の異なる個体を増やしていった方が、環境の変化を乗り越えて生き残っていくには有利なのである。

それでは、どのようにすれば自分とは異なる性質を持つ子孫を増やすことができるのだろうか。

生命は遺伝子をコピーしながら増殖していくが、正確にコピーをするわけではない。

生命は、あえてエラーを起こしながら、変化を試みているのである。しかし、エラーによって起こる変化はとても小さいし、エラーによって起こった変化が、より良くなる変化である可能性は大きくない。

環境の変化が大きければ、生物もまた大きく変化することが求められる。

それでは、どのようにすれば、自分を大きく変えることができるだろうか。

自分の持っている手持ちの遺伝子だけで子孫を作ろうとすれば、自分と同じか、自分と似たような性質を持つ子孫しか作ることができない。

そうだとすれば、もし、自分と異なる子孫を作ろうと思えば、他の個体から遺伝子をもらうしかないのだ。つまり、自分の手持ちの遺伝子と他の個体が持つ遺伝子を交換すれば良いのである。

たとえば、単細胞生物のゾウリムシは、ふだんは細胞分裂をして増えていく。しかし、それでは、自分のコピーしか作れない。そこで、ゾウリムシは、二つの個体が出会うと、体をくっつけて、遺伝子を交換する。こうして、遺伝子を変化させるのである。

効率の良い交換方法

自分にないものを求めて遺伝子を交換するのだから、せっかく手間をかけても自分と同じような相手と遺伝子を交換したのではメリットが少ない。

たとえば、人脈を広げようと異業種交流会に参加したときのことを想像してみよう。

会場に出向けば、みんなネクタイにスーツ姿。業種も仕事もわからない。張り切って名刺を交換してみたが、集まった名刺を見るとみんな同じ業界の人ばかりだった。

これはこれで、同業者の人脈としては活かせるかも知れないが、異業種の人と出会おうと交流会に参加した意味はない。

それならば、見た目でわかるようにしてはどうだろう。たとえば、飲食店関係は赤いリボンをつける。建築関係は黄色、ＩＴ関係は緑色というように、リボンの色を変えてみる。そして、違う色のリボンの人と名刺を交換するようなルールにするのである。そうすれば、異なる業種間で名刺を交換するという目的を効率良く果たすことができるだろう。

つまり、やたらと他の個体と交わるよりも、グループを作って、異なるグループと交わるようにした方が効率が良いのである。

ゾウリムシは、二つの個体が接合して、遺伝子を交換すると紹介したが、ゾウリムシには、いくつかの遺伝子の異なるグループがあり、その間でだけ接合して遺伝子を交換することが知られている。

オスとメスという二つのグループも、同じ仕組みである。

リボンの違うグループが交流して異業種交流が成功するように、オスとメスというグループを作ることによって、より遺伝子の交換が効率的になるのである。オスとメスというグループ分けは、こうして作られたのである。

大腸菌にもオスとメスがある

世の中には男と女がいて、生物にはオスとメスがいる。当たり前のように思えるかも知れないが、これは生物が進化の過程で獲得した優れたシステムである。

それでは、このオスとメスとは、この地球上にいつ頃誕生したのだろうか。それに対する明確な答えはない。しかし、古い時代にオスとメスというシステムが作られたことは間違いない。

すでに紹介したゾウリムシも、グループを作って遺伝子を交換している。雌雄があるわけではないが、これは雌雄の起源に近いと言えるだろう。

また、単細胞生物には雌雄はないと考えられてきたが、アメリカのレーダーバーグ博士は、大腸菌に雌雄があることを発見して、世界を驚かせた。

生物はミトコンドリアと共生することによって、核を持つ真核生物となり進化を遂げた。

大腸菌は、その進化に乗らなかった細菌である。単純な生物で、大きさは一ミクロンにも満たない。一ミクロンというのは、一ミリメートルの一〇〇〇分の一の大きさである。

同じ単細胞生物でも、ゾウリムシは一〇〇ミクロン程度なので、大腸菌はゾウリムシの一〇〇分の一の大きさしかないことになる。ゾウリムシも小さいが、肉眼で見ることはできる。もし、ゾウリムシが私たちと同じ一七〇センチ程度とすると、大腸菌は一・七センチメートルしかない。それくらい、大きさに差があるのだ。その小さな小さな大腸菌に雌雄があるというのである。

大腸菌にはF因子を持つFプラスの個体と、F因子を持たないFマイナスの個体とがある。そして、Fプラスの個体は、Fマイナスの個体にプラスミドと呼ばれるDNA分子を移すことができるのである。遺伝子を交換するのではなく、一方通行で遺伝子を送り込むのは、動物の精子や、植物の花粉と同じである。つまり、大腸菌は雌雄があるとされるのである。

「多様性」が生み出す力

しかし、と皆さんは疑問に思うかも知れない。

生物にとって、もっとも重要なことは、自らの遺伝子を次の世代へ伝えていくことである。

細胞分裂による自分のコピーであれば、自分の遺伝子を一〇〇パーセント子孫に残すことができる。しかし、他の個体と遺伝子を交換する場合には、自分の遺伝子と相手の遺伝子を半分ずつ持ち寄って、次の世代の子孫に残すことになる。そのため、自分の遺伝子は五〇パーセントしか子孫に残すことができないのではないだろうか。

自分の遺伝子を残すという目的から考えれば、他の個体と交わることは、けっして得な方法とは言えない。

それなのに、多くの生物はオスとメスとが交わって子孫を残している。ということは、残せる遺伝子が半分になってしまっても、利点があるはずなのである。

他の個体と遺伝子を交換することの利点の一つは、「多様性」を生み出すことができることであるとすでに述べた。自分の遺伝子を一〇〇パーセント引き継いだ子孫を作ったとしても、その子孫が環境の変化を克服できずに滅んでしまえば、何も残せなかったことになる。それよりも、性質の異なるさまざまな個体を残しておけば、どれかは生き残る。自分の遺伝子を半分しか引き継がない子孫だとしても、まったく残せないことに比べれば、はるかに得がある。

そのために生物の進化はオスとメスとを作り出した。そして、その進化の果てにいる私たちは男と女の仲に悩まなければならないのである。

どうして性は二種類なのか

ただ、疑問は残る。

グループを作れば効率よく遺伝子を交換できる。しかし、どうしてオスとメスという二つのグループしかないのだろう。もし、オスとメス以外にも、多くのグループを作れば、よりバラエティ豊かな遺伝子の交換ができるのではないだろうか。

たとえば、先述のゾウリムシは、二つの遺伝子のグループがあり、グループ間でのみ接合が行われる。これは、オスとメスの関係によく似ている。

しかし、同じ仲間のヒメゾウリムシは三つの遺伝子のグループがあり、グループが異なれば、どの組み合わせでも接合が行われる。これは三つの性があると見ることもできる。

単細胞生物の粘菌の仲間では一三種類もの性があることが知られているし、繊毛虫には三〇種類もの性がある。

つまり、性はオスとメスの二種類でなければならないということはないのだ。

実際に、多細胞生物でも、性を三つ持つものもいる。

カイエビという生物には性が三種類あり、SSで表される性と、Ssで表される性と、ssで表される性があると言われている。しかし、実際にはSSとSsはメスで、ssがオスに相当し、SSとSsのメスどうしの組み合わせでは子孫ができないというから、カイエビの性はメスとオスの二種類と言ってもいいかも知れない。

オスとメスという二種類から、オスとメスはおよそ半分ずつ生まれる。

もし、三つ以上のグループがあったとしたらどうだろう。それぞれのグループが満遍なく遺伝子を交換し合い続けないと、グループの数が存続できなくなってしまう。もし、交雑するグループに偏りがあれば、交雑できなかったグループは次第になくなってしまうことだろう。そして、結局はグループの数は減少し、ついには二つになってしまうかも知れない。

実際にはオスとメスという二つのグループがあれば、十分に遺伝子を交換することができるのだから、性を三つ以上に増やすことには、そんなに意味はないのだ。

オスとメスで生み出される多様性

それでは、オスとメスという二種類だけで、十分な多様性を維持することはできるのだろうか？

日本の歴史を見ると、その昔、豊臣秀吉の御伽衆《おとぎしゅう》として仕えた、曾呂利新左衛門《そろりしんざえもん》という人がいたという。

新左衛門は手柄を立てた褒美として、米を一粒欲しいと請う。そして、百日の間、一日経つごとに米の数を倍に増やしてほしいと頼むのである。秀吉は「何と欲のないやつよ」と笑いながらその願いを聞き入れたが、百日後、新左衛門は約束の褒美をいただきにまいりましたと蔵の中のお米をすべて運び出し、かの秀吉を降参させてしまったのである。

一日目は一粒だった米は、二日目には二粒、三日目には四粒となる。これを繰返して十日目には五一二粒、十一日目には一〇二四粒になる。すると、一カ月後には一〇億粒を超え、百日後には天文学的な数字になってしまうのである。

二の乗数というのは、バカにできない。

たとえば、人間は二三対の染色体を持っている。その子どもは親から、二本ある染色体のうちのどちらかを引き継ぐことになる。二本ある染色体から、どちらか一つを持ってくる。この単純な作業でいったい、何通りの組み合わせができるだろうか。

これは二の二三乗となり、驚くことに組み合わせの数は約八三八万通りになる。

これが、父親と母親のそれぞれに起こるから、八三八万×八三八万で七〇兆を超える組み合わせができる。現在、世界の人口は七〇億人を超えているが、一組の両親からも、この一〇〇〇倍もの多様な子孫を作ることができるのである。

さらに、実際には染色体が減数分裂をするときに染色体の一部が入れ替わる組み換えが起こる。そう考えれば、オスとメスという二種類の性だけでも、無限の多様性を生み出すことができるのである。

オスとメスの役割分担

多様性を高め、変化し続けるために、生物はオスとメスというシステムを作った。

しかし、不思議なことがある。どうして、「オス」ができたのだろうか。

何しろ、オスは子どもを産まない。

たとえば、ゾウリムシは接合して遺伝子を交換した後に、両方の個体が細胞分裂をしていく。ところが、オスとメスは、遺伝子を交換した後は、子孫を増やすのは、メスだけなのである。これは繁殖効率を考えると、どこか無駄なような気がする。

たとえば、メスとメスとが遺伝子を交換して、どちらのメスも子どもを産めば、生まれる子どもの数は二倍になる。どうして、子どもを産まないオスが存在するのだろうか。

生物に雌雄という性が作られたとき、最初からオスの個体とメスの個体とが作られたわけではない。もともと生物に作られたのは、生殖細胞としてのオスの配偶子とメスの配偶子である。オスの配偶子は、一般には「精子」と呼ばれ、メスの配偶子は、一般には「卵子」と呼ばれている。

オスの配偶子とメスの配偶子を組み合わせて、効率良く遺伝子を混ぜ合わせ、新しい性質を持つ子孫を作る。これが、生物の進化の過程で作られたシステムである。

生きていく上では、配偶子は大きい方が栄養分を豊富に持つことができるから、生存に有利である。そのため、大きい配偶子は人気がある。大きい配偶子とペアになることができれば生存できる可能性が高まるからだ。

もっとも、大きければ大きいほど良いというわけではない。配偶子が大きくなると、移動しにくくなってしまうのだ。遺伝子を交換して、子孫を残すためには、配偶子同士が出会わなければならないから、これでは都合が悪い。

しかし、人気のある大きな配偶子は、他の配偶子の方から寄ってくるから、そんなに動く必要はない。こうして、大きな配偶子は動かなくてもペアを作ることができる。

それでは、大きさに劣る配偶子はどうすれば良いだろうか。ただ、待っているだけでは、人気のない配偶子はペアになれない可能性が高い。

そうだとすれば、自らが動いて、他の配偶子のところに行かなければならなくなる。移動するためには、大きな体よりも小さな体の方が有利だ。そこで、一方の配偶子は逆に体を小さくして移動能力を高めた。

こうして大きな配偶子は、より大きくなっていくし、小さな配偶子は、より小さくなっていく。こうして体の大きいメスの配偶子と体の小さいオスの配偶子が生まれたのだ。

オスの誕生

オスの配偶子が、体を小さくすると、生存率は低くなってしまう。しかし、それでもオスの配偶子は、メスの配偶子の元に移動するということを優先したのだ。そして、オスの配偶子は、メスの配偶子のために遺伝子を運ぶだけの存在となったのである。

こうして、遺伝子を運ぶだけのオスの配偶子と、遺伝子を受け取って子孫を残すメスの配偶子という役割分担ができたのである。

生物は、効率良く遺伝子を交換するために、オスとメスという二つのグループを作った。ただし、それはオスの配偶子とメスの配偶子という話である。

オスの個体とメスの個体という存在が現れるのは、生物の進化でもかなり高度な進化である。

一つの個体が、オスの配偶子とメスの配偶子を持てば、すべての個体が子孫を産むことができる。オスの配偶子しか持たずに、子孫を残さないオスという存在は、かなり無駄な存在だ。

しかし、オスの配偶子のみを作る「オス」という個体を作ることによって、より大量のオスの配偶子を作ることができる。一方、オスの配偶子を作ることをやめて、メスの配偶子のみを作る「メス」という個体に特化することによって、より多くの子孫を残すことができるように生殖器官が発達し、繁殖能力が高くなると、オスとメスの個体を分ける意味が出てくる。

こうして子孫を産むことのない「オス」という特別な存在が誕生したのである。

そして「死」が生まれた

生物の進化における「性」の発明は、もう一つ偉大な発明を行った。それが「死」である。

「死」は、三十八億年に及ぶ生命の歴史の中で、もっとも偉大な発明の一つだろう。

一つの命がコピーをして増えていくだけであれば、環境の変化に対応することができない。さらには、コピーミスによる劣化も起こる。そこで、生物はコピーをするのではなく、一度、壊して、新しく作り直すという方法を選ぶのである。しかし、まったく壊してしまえば、元に戻すことは大変である。そこで生命は二つの情報を合わせて新しいものを作るという方法を生み出した。

これが「性」である。

細菌やアメーバのような原始的な原核生物には、「性」はない。ただ、細胞分裂をして増殖していく。

細胞分裂をして増えても、元の細胞と同じ細胞が増えるだけである。原核生物はこれを無限に繰り返していく。細胞分裂を繰り返したからといって、年老いて細胞が疲弊していくことはない。そして、細胞は増えても死滅をするわけではないから、原核生物は永遠に死ぬことはないと言えるかも知れない。

しかし、同じ単細胞生物でもゾウリムシのような真核生物は違う。すでに紹介したようにゾウリムシには明確な「性」があるわけではないが、「性」の基礎となったと考えられるグループ分けがある。そして、グループ間で遺伝子を交換するのである。

ゾウリムシは分裂回数が有限である。そして、七〇〇回ほど分裂をすると、寿命が尽きたように死んでしまう。ただし、死ぬまでに他のゾウリムシと接合をして、遺伝子を交換すると、新たなゾウリムシとなって生まれ変わる。すると分裂回数はリセットされて、再び七〇〇回の分裂ができるようになるのである。

こうして生まれ変わったゾウリムシは、元のゾウリムシとは違う個体である。だから、これは新たなゾウリムシを作り上げて、元の個体は死んでしまったと見ることができる。

こうして、真核生物は「死」と「再生」という仕組みを作り出したのである。

限りある命は永遠である

遺伝子を交換することで新しいものを作り出す。そして、新しいものができたのだから、古いものをなくしていく。それが「死」である。

「死」もまた、生物の進化が生み出した発明である。「死」というシステムは「性」というシステムの発明によって、導き出されたものなのだ。

「形あるものは、いつかは滅びる」と言われるように、この世に永遠にあり続けるものはない。何千年、何万年もの間、コピーをし続けるだけでは、永遠の時を生き抜くことは簡単ではない。

そこで、生命は永遠であり続けるために、自らを壊し、新しく作り直すことを考えた。つまり、一つの生命は一定期間で死に、その代わりに新しい生命を宿すのである。

新しい命を宿し、子孫を残せば、命のバトンを渡して自らは身を引いていく。

この「死」の発明によって、生命は世代を超えて命のリレーをつなぎながら、永遠であり続けることが可能になったのである。
永遠であり続けるために、生命は「限りある命」を作り出したのである。

逆境の後の飛躍

七億年前

口が先か、お尻が先か

「尻から吸って口から吐くもの、なぁに？」

こんな、なぞなぞがある。答えは何だろうか？

尻から吸って口から吐くもの、この答えはタバコである。

私たちにとって、口は、主として物を入れる器官であり、尻は主として物を出す器官である。そのため、こんななぞなぞが成立する。もちろん、このなぞなぞで尻というのはタバコの尻のことである。

七億年前の全球凍結の後、満を持して地球に現れた多細胞生物は、エディアカラ生物群と呼ばれている。

エディアカラ生物群は、さまざまな進化を遂げたが、その多くはクラゲやイソギンチャクのような単純な生物であった。

クラゲやイソギンチャクたちに、このなぞなぞを出したら、困惑するだろう。

クラゲやイソギンチャクは、エサを食べるための口がある。そして、エサを消化すると、今度は食べかすを口から排出するのである。つまり、クラゲやイソギンチャクにとって、口は吸う器官であると同時に、吐き出す器官でもあるのである。

しかし、一つの口で食べ物を食べたり、排せつ物を出したりしていると、一度、エサを食べると、次のご馳走が目の前を通っても、前のエサを消化し終わるまで食べることができない。エサがあっても連続して食べることができないのだ。

それでは、あまりに不便である。

口からお尻に向かって一方向に食べ物が進んでいけば、次々にエサを食べることができる。そこで、生物は穴を貫通させて一本の筒のような形に進化をした。

あるグループは、元の口をそのまま奥へと貫通させて、新たに作った穴を肛門《こうもん》とした。このグループは旧口動物と呼ばれている。

もう一つのグループは、元の口をそのまま排出する肛門にして、新たに作った穴の方を、物を吸い込む口にした。このグループは新口動物と呼ばれている。

どちらも筒状の体を作るという「結果」は同じである。しかし、まったく異なるアプローチから、最終的にはどちらも筒状の体にたどりついた。

そして、元の口を口にするかお尻にするか、たったこれだけの発想の違いが、この二つのグループの進化を大きく分けていくことになる。

元の口を口にした旧口動物のグループは、タコや貝などの軟体動物となり、やがてエビやカニ、昆虫など体の外側に硬い外骨格を持つ生物となっていく。一方、新たな穴を口にした新口動物のグループは、逆の発想で体の中心部に硬い内骨格を持つ生物となっていく。新口動物こそが、骨を持つ私たち脊椎動物のグループなのである。

ウニは親戚？

理科の教科書には、よくウニの卵の発生過程が紹介されている。

じつは、ウニは人間と同じ新口動物のグループなので、ウニの発生過程が人間などの脊椎動物の発生過程とよく似ている。そのため、ウニは研究材料としてよく用いられているのである。

実際に遺伝情報を解読したところ、ウニは人間と同じ二万三〇〇〇個の遺伝子を持ち、その七〇パーセントが、ヒトと共通していたという。

ウニは、外側を硬い殻で覆われているので外骨格のような感じもするが、あの硬い殻の外側に表皮がある。これは、体の一番外側に外骨格があるエビや昆虫とは異なり、皮膚の下に骨を持つ人間と同じである。つまり、ウニの硬い殻は表皮の下にある内骨格なのである。ウニは骨を持っているわけではないし、内骨格をいかにも外骨格であるかのように発達させているが、皮の内部に硬い内骨格を持つという新口動物のアイデアに由来している点では、人間と共通しているのである。

虐げられた生命の逆襲

三一頁ですでに紹介したように、地球が凍りつくスノーボール・アースの直後から、突然、多細胞生物が出現し始めた。

しかも、ただ単に多細胞であるというだけではない。これらの多細胞生物は、すでに大型で複雑な構造の体を持つエディアカラ生物群だったのである。少し前までは単細胞生物だったのに、そこから短期間の間に進化したエディアカラ生物群の中には硬い骨格を持つ生物や一メートルを超すような巨大な生物まで見られるというから、驚きである。

いずれにしても、スノーボール・アースによって、それまで進化を妨げられていた生命が、地球の温度が上昇すると、今までのうっぷんを晴らすかのように、一気に進化を遂げるのである。どうして多細胞生物は、このように一気に進化を遂げたのだろうか。

凍結した地球で、生命はごく限られた場所に閉じ込められていたと想像されている。わずかに生き残った集団の中である突然変異が起こると、小さな集団なので、遺伝子を交換する中で、突然変異の遺伝子は集団内に行き渡る。これを繰り返すことによって、息を潜めた小さな集団の中に、遺伝的な変異が蓄積していったと考えられている。

もちろん、この小さな集団に変異した能力を発揮するチャンスはない。まさに雌《し》伏《ふく》の時である。しかし、生命たちは確実に遺伝子の変異を蓄積していった。

そして、スノーボール・アースが終わり、地球が温暖化したときに、生命たちは蓄積した遺伝的変異を発揮して、自在に変化し、大いに進化していったのではないかと考えられているのだ。

生命は最初のスノーボール・アースで真核生物となり、二度目のスノーボール・アースで多細胞生物へと進化していった。しかも、その進化が劇的に、かつ驚くほどスピーディに行われたのである。

逆境の中にいるときも、漫然と過ごしていてはいけない。準備があるからこそ、チャンスが来た後の飛躍があるのである。

捲土重来の大爆発

五億五千万年前

奇妙な動物

四六頁では、奇妙な生物として、植物を紹介したが、動物の範疇《はんちゅう》ではどうだろう。

地球外生物でもいい。可能な限りの奇妙な動物を想像してみてほしい。

地球の歴史を振り返ると、SF映画の怪物よりも、奇妙な生き物たちが次々に出現した時代があった。それは、五億五千万年前の古生代カンブリア紀。後に「カンブリア爆発」と呼ばれる一大イベントである。

もちろん、本当の爆発が起こったわけではない。まるで爆発するかのように、カンブリア爆発では、一気にさまざまな生物種が出現したのである。

ハルキゲニア

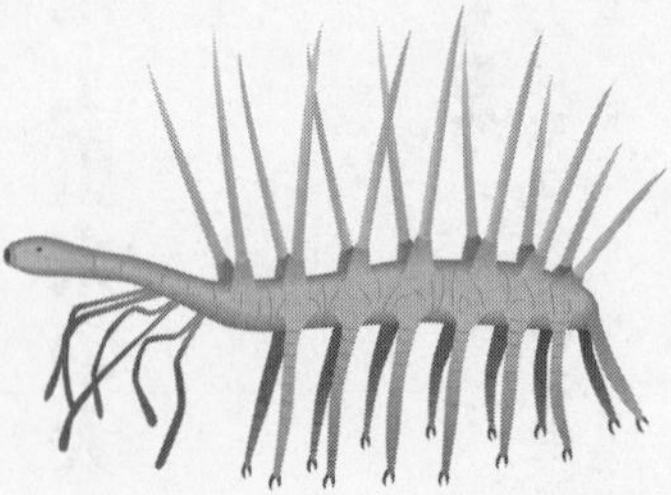

シダズーン

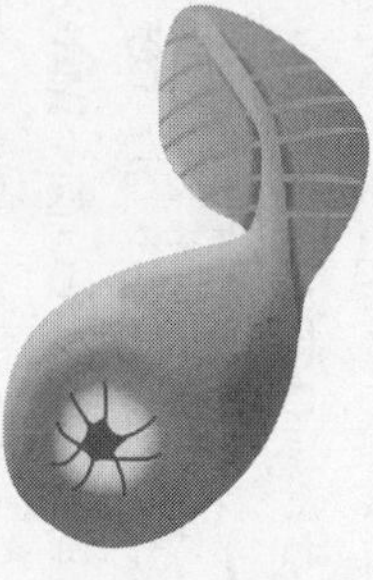

この時代に、現在の分類学で動物門となる生物の基本形がすべて出揃う。

現在の生物につながる基本的なデザインは、すべてこのときに出尽くしたと言われている。そして、現在では想像もつかないようなさまざまなデザインも出現した。まさに「芸術は爆発だ」の世界である。

カンブリア爆発で出現した奇妙な生物たちを紹介しよう。

イラストに見るようなこんな奇妙な動物たちが、カンブリア紀の地球の住人だった。

残念ながら、これらの生物の多くは、現在では見ることができない。アイデアは数が勝負。そして、多くのアイデアが出され

オパビニア

ウィワクシア

ることによって、優れたデザインが作られるのだろう。

まさにトライ&エラー。カンブリア紀は、さまざまな生物のデザインの試行錯誤がなされた時代なのだ。

アイデアの源泉

どうして、このように多くの生物種が一気に出現するような急激な進化が起こったのだろうか。

その要因の一つは、三一頁と四四頁ですでに紹介したスノーボール・アースである。

スノーボール・アースで閉ざされた環境にいた生物たちは、小さな集団の中で遺伝的な変異を蓄積していった。その変異の蓄積が、多細胞生物の急激な進化を推し進め、エディアカラ生物群を生み出した。そして、カンブリア爆発の新たな生物の出現につながっていったのである。

やがて大繁栄をしたエディアカラ生物群も、五億四千二百万年前から始まるカンブリア紀までに絶滅してしまう。エディアカラ生物群の絶滅の理由は謎に包まれている。巨大な火山噴火によるとも言われているし、カンブリア爆発によって新たに進化した生物によって捕食されたとも言われている。

そして、カンブリア爆発による新たな生物の出現は、生物たちの世界の「捕食」という行動によって引き起こされたと考えられているのである。

カンブリア爆発の中では、他の生物をエサにする捕食者が出現した。

捕食者から身を守るために、生物はさまざまなアイデアで防御手段を発達させた。あるものは硬い殻に身を包み、あるものは鋭いトゲで捕食者を威嚇《いかく》する。すると、今度は捕食者が、それを打ち破るために強力な武器を手に入れる。そして、その捕食者から身を守るために、弱い生物はさらに防御手段を発達させる。

この繰り返しによって、生物は急速に進化を遂げていったのだ。攻めるものと、守るもののせめぎ合い。まさに軍拡競争である。

軍拡競争による変化と淘汰の繰り返し。この変化のスピードに追いつけないものは滅んでいく。

つまり、厳しい競争が進化を生んだのである。

世紀の大発明

しかし、と皆さんは思うだろう。

食う・食われるという弱肉強食は、生命が小さな単細胞生物のときから行われてきた。それなのに、どうしてこの時期に、激しい軍拡競争が進んだのだろう。

その背景には、革新的な発明があったと考えられている。それが「目」である。

私たちは、五感からさまざまな情報を得ているが、視覚から得られる情報が圧倒的に多い。音や匂いを感知できなくても、目を持つことで、周辺の状況をくまなく把握することができる。

目というのは極めて優れた器官なのである。

生物が最初に獲得したのは、小さな目だった。

小さな目は視点を動かすことができない。そこで小さな目をたくさん並べることで視野を補った。これが、現代の昆虫などにも見られる「複眼」である。

「目」は、生物にとって革新的な武器であった。

「目」を持つ捕食者は、獲物を見つけて的確に襲うことができる。

一方、防御側にとっても「目」は有効である。目を持っていれば、いち早く敵の襲来を察知して、逃げたり、隠れたり、防御態勢を取ることができる。

戦いには敵を捕捉する情報収集が必要である。まさに「目」は情報収集に有効なレーダーなのだ。

目を持たない捕食者は、獲物を取ることができず飢えてしまう。また、目を持たない生物は捕食者に次々に食べられてしまう。この目の出現によって、生物の軍拡競争は、激しさを増していくのである。

逃れたか弱き生き物

外敵から身を守る最大の防御方法は、体の外側を硬くすることである。旧口動物は外骨格を発達させて硬い殻で身を包んでいく。こうして生まれたのが、エビやカ

原始的な脊椎動物（ピカイア）

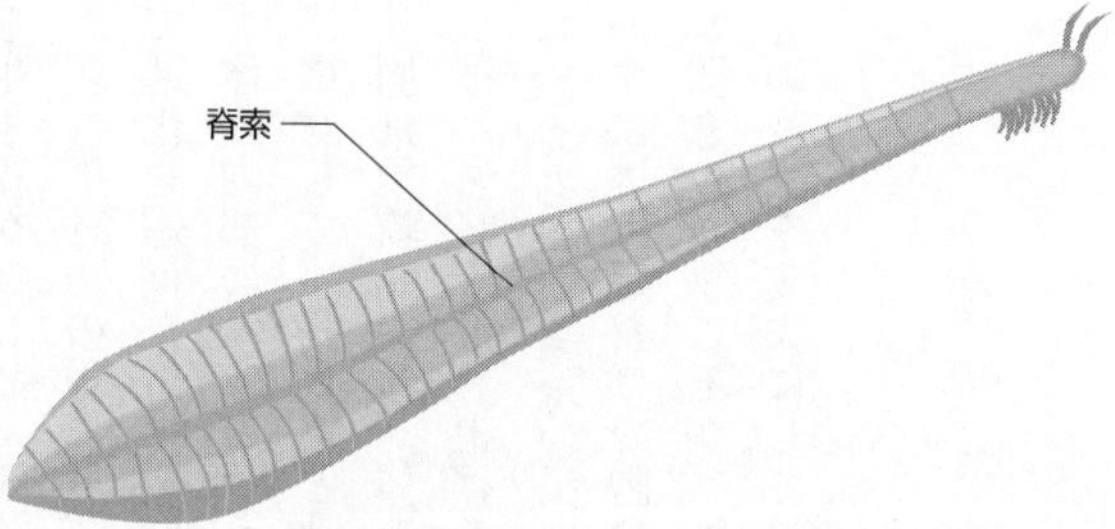

ニ、昆虫などの節足動物の祖先である。

カンブリア爆発によって生物にあふれた海を支配したのは、節足動物であった。

外骨格で身を包むことは、最初は防御のためだったかも知れない。しかし、硬い外骨格は、攻撃力を高めることにも貢献した。外骨格を発達させて、殻の中に筋肉を発達させることによってパワーとスピードを高めたのである。

カンブリア紀には、一メートルにもなるアノマロカリスが繁栄をし、カンブリア紀に続くオルドビス紀には、二メートルを超えるようなウミサソリが出現した。こうして、巨大な節足動物が生態系の頂点に立ち、海を支配していたのである。

強大な生き物がひしめく無法地帯で、か弱き生き物たちはどう生き延びたのだろうか。か弱き生き物の中には、外骨格を発達させるという主流の防御法と異なるアイデアで進化を遂げた生物もいた。

それが体の内部に脊索《せきさく》という硬い筋を発達させて、体を支える方法である。これは外骨格に対して、内骨格と呼ばれている。

体の外側は柔軟だから、体をくねらせて泳ぐことができる。さらにこの脊索を動かせば、泳ぐスピードを上げることもできるだろう。こうして、脊索を持った動物は強大な敵から逃げるすばしこさを手に入れた。三十六計逃げるにしかず。まさに、戦わずに逃げ足だけで勝負をしようという輩《やから》である。

このか弱き生き物こそが、私たち脊椎動物の祖先である。脊索を持つ生物は、やがて、この脊索を丈夫にして骨にした。そして脊椎動物が誕生していくのである。

敗者たちの楽園

四億年前

偉大なる一歩

最初に上陸を果たした脊椎動物である原始両生類。懸命に体重を支え、ゆっくりとだが、力強く手足を動かし陸地に上がっていく。その目は、まさに未知のフロンティアを目指す意志にみなぎっている。

人類で初めて月面に降り立った宇宙飛行士のアームストロングは「これは一人の人間にとっては小さな一歩だが、人類にとっては偉大な飛躍である」という言葉を発した。

上陸に成功した両生類は、何という言葉を残すだろう。しかし、この一歩こそが私たち脊椎動物のその後の繁栄につながる偉大な一歩だったことは間違いない。

オウムガイ

しかし、である。
脊椎動物の陸上進出は、本当にこのような勇気ある冒険者によってなされたのだろうか。

「逃げる」という戦略

古生代、ありとあらゆる生物が進化を遂げ、地球に広がる大海原は生命にあふれていた。多様な種が出現し、豊かな生態系を作り出していたのである。

しかし、生態系というのは「食う・食われる」の関係である。傍目《はため》には豊かな海に見えるかも知れないが、そこで生き抜くことはけっして簡単なことではない。

この頃、海を支配していたのは、巨大な

ヤツメウナギ

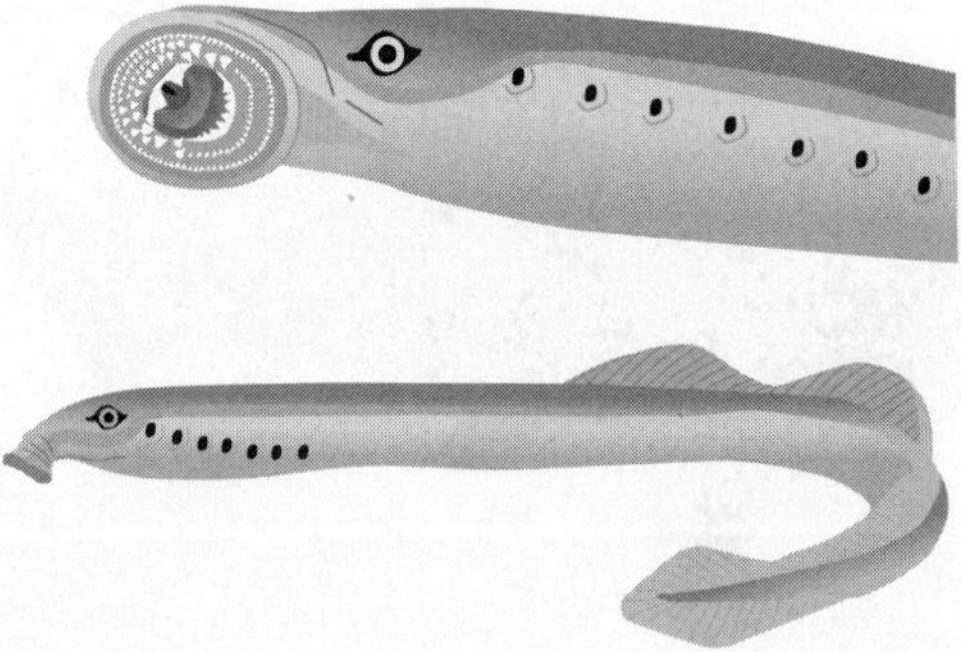

オウムガイであった。魚たちは、オウムガイの餌食になっていたのである。

また魚の中にも、頭部や胸部を厚い骨の板で武装した甲冑魚《かっちゅうぎょ》と呼ばれる種類が出現した。甲冑に身を包んだ、いかにも強そうな彼らの最大の武器は「あご」である。それまでの魚は、現在のヤツメウナギのようにあごを持たない魚であった。しかし、甲冑魚は力強いあごを持ち、捕えた魚をむしゃむしゃと噛み砕いていく。まさに敵なしである。

生態系の頂点に立った甲冑魚の中には、六メートルを超えるような巨大な体で悠々と泳ぐものもいたという。

栄枯盛衰を繰り返す生命の歴史の中で、

甲冑のような硬い装甲板で覆われた甲冑魚（ダンクルオステウス）

やがてはサメのような大型の軟骨魚類が現れ、甲冑魚に代わって海の王者の地位を奪っていった。海の中は、力が支配する弱肉強食の世界だったのである。

力で負ける弱い魚たちは、どうしたのだろう。

食べられる一方の弱い魚たちは天敵から逃れるように、川の河口の汽水域に追いやられていく。海水と淡水が混じる汽水域は、浸透圧が異なるため、海に棲む天敵も追ってくることはできないのである。

逆境を乗り越えて

戦いに敗れ、追いやられた弱い魚たちは、汽水域へと逃れていく。しかし、海を棲みかとしていた魚たちにとって、そこは生存することができない過酷な環境である。

幾たびも幾たびも挑戦しても、多くの魚たちは汽水域の環境に適応することができずに死滅していったはずである。

汽水域で最初に問題となるのは浸透圧である。

塩分濃度の濃い海で進化を遂げた生物の細胞は、海の中の塩分濃度と同程度の浸透圧になっている。もし、細胞の外側が海水よりも濃い塩分濃度であれば、細胞の中の水は細胞の外へと出てしまう。逆に、細胞の外側が薄い塩分濃度であれば、水が細胞の中へと浸入してきてしまうのである。

そこで魚たちは塩分濃度の薄い水が体内に入ってくるのを防ぐために、鱗で身を守るようになった。さらには、外から入ってきた淡水を体外に排出し、体内の塩分濃度を一定にするために腎臓を発達させたのである。

それだけではない。海の中には生命活動を維持するためのカルシウムなどのミネラル分が豊富にあるが、汽水域ではミネラル分が不足してしまう。そこで魚たちは体内にミネラルを蓄積するための貯蔵施設を設けた。それが「骨」である。骨は体を維持するだけでなく、ミネラル分を蓄積するための器官でもあるのである。

こうして生まれたのが、骨の充実した「硬骨魚」である。

これだけの変化を起こすために、いったい、どれくらいの時が必要だったのだろう。いったい、どれくらいの世代を経たことだろう。世代を超えて何度も何度も挑戦していく中で、魚たちは逆境を乗り越え、祖先からの悲願であった汽水域へと進出を果たすのである。

迫害され続けた果てに

しかし、支配者から逃れたはずの汽水域でさえも、彼らにとっては安住の地ではなかった。

強大な敵から逃れ、魚たちが手に入れた新天地の汽水域。しかし、ここでも、新たな生態系が作り出される。それもまた、強い魚が弱い魚をエサにする弱肉強食の世界である。

天敵から逃れてきた弱い魚たちではあるが、その中にも強いもの、弱いものが存在する。そして、より強い魚が生態系の上位に陣取っていくのである。より弱い魚たちは、そこでも食べられる恐怖から逃れることはできないのだ。

迫害された弱い魚の中でも、さらに弱い魚は、より塩分濃度の薄い川の奥へと侵入を始める。もちろん、そこでも弱肉強食の世界は築かれる。

弱い魚の中でも、さらに弱い弱者中の弱者は、逃れても逃れても現れる天敵に追われながら、川の上流へと新天地を求めていくのである。

中には、同じ食われるのであれば、海も同じだとばかりに、再び海へと戻っていくものも現れた。サケやマスなどが、川を遡って産卵をするのは、彼らが淡水を起源とするからと考えられている。

浅瀬で泳ぎ回る敏捷《びんしょう》性を発達させていた魚たちは、海に戻ってからも、サメなどから身を守る泳力を身につけていた。そのため、海を棲みかとすることができたのである。

こうして、汽水域に追いやられて進化を遂げた硬骨魚から、川や湖を棲みかとする淡水魚と、海で暮らす海水魚とが分かれていくのである。

未知の大地への上陸

両生類の祖先とされるのは、大型の魚類である。

より弱い立場にある小型の魚類は、敏捷性を発達させ、高い泳力を獲得していった。

一方、もともと大型の魚類であった両生類の祖先は、敏捷性を発達させていない。のんびりと泳ぐのろまな魚である。そのため、泳力に優れた新しい魚たちに棲みかを奪われていったと考えられている。そして、浅瀬へと追いやられていくのだ。

大型の魚類は浅瀬を泳ぐことができない。しかし、大きな体で力強くヒレを動かすことはできる。そこで、水底を歩いて進むように、ヒレが足のように進化していったと考えられている。

そして、浅瀬から次第に陸の上へと活路を見出《みいだ》していくのである。

もちろん、両生類の祖先がいきなり上陸して、すぐに陸上生活を始めたわけではない。

ふだんは水中で暮らしていても、水位が低くなると水辺を移動したり、水中にエサがないときには、水辺でエサを求めたりしたのだろう。敵に襲われたときには、安全な陸上へと逃げたのかも知れない。

こうして、陸上という環境を少しずつ利用しながら、次第に水中と陸上を行き来できる両生類へと進化を遂げていくのである。

敗者が作るもの

陸上という新天地を求めた魚は、どんな魚だっただろう。

その祖先は、海での生存競争に敗れ、汽水域へと進出した魚たちであった。

そこで硬骨魚類へと進化を遂げた魚たちの中で、より弱いものは川へと侵入した。そして、その中でもさらに弱い魚たちは上流へと追いやられた。まさに、最弱を決定するトーナメント戦のようなものである。

その戦いに負け続けた魚が、川の上流を棲みかとした。

川を棲みかとした魚たちの中で、小さな魚は俊敏な泳力を身につけた。一方、速く泳ぐことのできない、のろまな大型の魚類は水のない浅瀬へと追いやられていくのである。

ところが、である。このもっとも追いやられた魚が、ついに上陸を果たし、両生類へと進化を遂げる。そして、爬虫類や恐竜、鳥類、哺乳類の祖先となるのだから、自然界というのは面白い。

「歴史は勝者によって作られる」と古人は言った。

生命の歴史はどうだろう。

生命の歴史を振り返ってみれば、進化を作り出してきたものは、追いやられ、迫害された弱者たちであった。新しい時代は常に敗者によって作られるのである。

そのとき、強者たちは……

弱き魚を汽水域へと追いやり、広い海を我が物顔に支配したのは、サメの仲間であった。

サメはどうだろう。現在、サメは、古い時代の魚類の特徴を今に残す「生きた化石」とされている。

サメは進化した硬骨魚類のような鱗がない。サメ肌と言われるような硬い皮で覆われているだけだ。そして、ミネラルを蓄積するような高度な仕組みの骨がない。

そのため、汽水域で進化した魚が硬骨魚類と呼ばれているのに対して、サメやエイの仲間は軟骨魚類と呼ばれている。進化した硬骨魚類は、多種多様に進化を遂げ、川や湖、海とあらゆるところへと分布を広げていった。現在では、サメやエイを除く魚類は、ほとんどが硬骨魚類である。

弱者であった魚は、川という新天地を求め、そしてその後、大いに進化をしていった。しかし、無敵の王者であったサメは、自らを変える必要がない。そして、現在でもその古い型を維持しているのだ。

何も、進化しなければダメなわけではない。サメもまた、現在でも成功している魚類である。しかし、逆境に追い込まれることが、新たな進化を生み出すことは間違いないようである。

生きた化石の戦略

昔かたぎな人は、よく「生きた化石」と呼ばれる。

人に対して、「生きた化石」という言葉を使うときには、良い意味には使われないようだ。「古い時代のまま進歩がない」という意味なのである。

「生きた化石」という言葉を最初に使ったのは、博物学者のダーウィンである。

生物の世界で「生きた化石」というのは、太古の時代の姿を今にとどめている生物をいう。

サメも、生きた化石である。

シーラカンスは四億年前のデボン紀の化石で発見されていたが、現在でも生き残っていることが確認されている。

また、同じデボン紀から生き残っているものにハイギョがいる。ハイギョはえら呼吸ではなく、肺呼吸をするため、水がないところでも生きていくことができる。

ハイギョのような魚が両生類へと進化していったことを想像させる。

他にも古生代から生き抜いている代表的な生きた化石には、ゴキブリやシロアリ、カブトガニ、オウムガイがいる。

驚くことに、これらの生物は、何億年もの間、ほとんど進化することもなく、昔のままの姿で生きているのである。

しかし、彼らは時代遅れの古い存在なのだろうか。

どんなに古臭い形であっても、現在、存在しているということは、それらが激しい生存競争を生き抜いた優れた勝者であることを意味している。

それどころか、ゴキブリやシロアリにいたっては、現代人でさえも降参しなければならないほど、現代社会に繁栄しているではないか。

別に変わらなければならないわけではない。

変化する必要がなければ、変化しなくても良いのである。「進化」というと、大きく変化することに目を奪われがちである。今のスタイルがベストであるとすれば、変化しないことが最高の進化になるのである。

生きた化石は、そう教えてくれているような気がする。

フロンティアへの進出　五億年前

陸上植物の祖先

両生類の祖先となる魚類の上陸は、生物の進化の一大イベントとして描かれる。しかし、そのときには、すでに地上には植物が生えている。植物の方が脊椎動物よりもずっと早く、このフロンティアに進出していたのだ。

地球に生命が生まれてから、生命はずっと海の中で暮らしていた。ところが五億年ほど前になると、マントル対流によって巨大な陸上が現れ始めた。そして、海で暮らしていた生命は、この広大なフロンティアを目指し始めるのである。

出現した大地に最初に進出を果たしたのが、植物である。

現在の陸上植物の祖先は、緑藻類という藻の仲間であると考えられている。緑藻類は海の浅瀬などに分布している。

海中の藻類には、緑色をした緑藻類、褐色をした褐藻類、赤い色をした紅藻類など、いくつかの種類がある。緑藻類が緑色に見えるということは、緑色の光は吸収せずに反射しているということになる。つまり、緑以外の青色と赤色の光を吸収して光合成をしているのだ。

光合成を行う上でもっとも効率が良いのは、青色と赤色の光である。そのため、光の当たる浅瀬に棲む緑藻類は青色と赤色の光を吸収しているのである。

ちなみに、水は赤い色を吸収する。そのため、深い海の底には赤い光は届かない。

キンメダイやカサゴなど海の深いところに棲む魚が鮮やかな赤い色をしているのは、海の底には赤い光が届かないので、赤い色をしていれば海の底では姿を消すことができるからである。

そのため、水の中にある褐藻類は、青色の光を吸収して光合成を行っている。また、水面に植物プランクトンがあると、青色の光が吸収されてしまい、光合成を行うための青色の光も届かなくなる。そのため、紅藻類はしかたなく、光合成の効率が悪い緑色の光を吸収しているのだ。

現在の陸上植物が緑色の葉を持っているのは、青色と赤色の光を光合成に用いる緑藻類が祖先だからである。浅瀬にある緑藻類が、陸が隆起して浅瀬が干上がっていく中で次第に陸上への適応を迫られていったのである。

植物の上陸

光合成を行う緑藻類にとって、光を存分に浴びることのできる陸上は魅力的な環境であった。

ただし陸上は、生物にとって有害な紫外線が降り注いでいるという問題があった。

ところが、この問題は、植物たち自身の営みによって改善されていく。

海中にあった植物たちが放出する酸素によって、次第に上空にオゾン層が形成される。すると、オゾン層が紫外線を吸収し、紫外線が陸上に降り注ぐのを防いでくれるようになったのである。

準備は整った。

満を持して植物は上陸を果たす。

植物の上陸は、古生代オルドビス紀の四億七千万年前のことであるとされている。両生類の祖先となる魚類が上陸を果たすのが、デボン紀の三億六千万年前だから、植物の方が一億年以上も早いのだ。

最初に上陸した植物はコケ植物に似た植物であったと考えられている。

コケは体の表面から水分や養分を吸収する。これは水の中にいる緑藻類と同じである。そのため、コケは体のまわりが乾かないような水辺にしか生えることができない。

その後、陸上生活に適するように、さらに進化したのがシダ植物である。

シダ植物は茎を発達させた。水の中では、体を支えるための仕組みは必要ない。しかし、陸上では体を支えるための頑丈な茎が必要となるのである。

さらにシダ植物は、乾燥に耐えるために、体内の水分を守るための固い表皮を発達させた。もっとも、表皮を発達させると、水分が体外に出ていくことを防ぐことができる代わりに、外から水分が入ってこない。そこで水分を吸収するための根を発達させ、仮導管《かどうかん》という通水組織を発達させて、根で吸収した水分を体中に行き渡らせるための維管束を発達させたのである。

維管束を発達させて効率よく体中に水を運ぶことにより、シダ植物は枝を茂らせることができるようになった。枝を増やせば、多くの葉をつけて、光合成をすることができる。こうしてシダ植物は巨大で、複雑な体を持つことができるようになったのである。

根も葉もない植物

最初のシダ植物に似た特徴を持つとされるのがマツバランである。

根拠のない噂話は「根も葉もない噂」と言われるが、マツバランには根も葉もない。マツバランの体は「茎」だけでできている。そして、地面の下に枝分かれをした茎で水を吸い、地面の上で枝分かれをした茎で光合成を行う。この地面の下の茎がやがて根となり、地面の上の茎がやがて葉へと分化していったのである。

シダ植物が根を発達させることができたのには、理由がある。

最初の植物が陸地に進出したとき、陸地には土はまったくなかった。ただ、砂と石の大地が広がっていたのである。地球上に存在する土は、有機物から作られてい

マツバラン

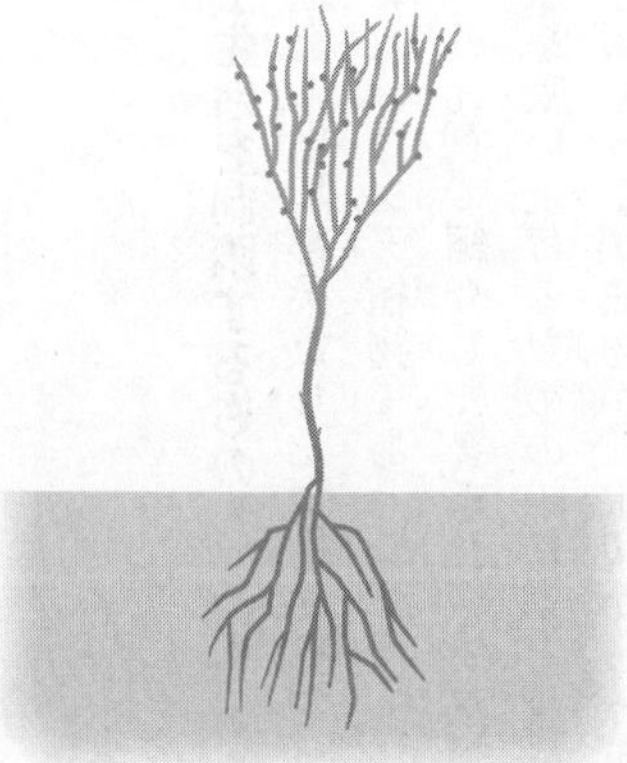

る。つまり、生物の死骸などが分解して土になっていくのである。

しかし、地上に進出した植物が生命活動を繰り返し、世代交代を繰り返す中で、枯死した植物が分解して、蓄積されていった。こうした有機物が風化した岩石と混ざって、植物が育つことができるような栄養分を含む土ができたのである。シダ植物は、その土を手掛かりにして、生息地を広げていった。そのため、シダ植物は根を持っているのである。

こうしてシダ植物の森が作られると、やがて昆虫が地上へと進出した。そして、ついに魚類がドラマチックな上陸を果たすのである。

乾いた大地への挑戦

五億年前

陸上生活を制限するもの

地上に上陸を果たした脊椎動物が、両生類として繁栄をしている頃、森を形成していたのはシダ植物であった。

一一九頁で紹介したように、シダ植物は地上で体を支える茎を持ち、根から茎へと水を吸い上げるための維管束を身につけた。

そして、シダ植物が、水辺から分布を広げていくと、それまで、水辺で暮らしていた両生類は、恐竜の祖先となるような爬虫類に進化を遂げた。

シダ植物が進化をしながら、分布を広げ、植物の量と種類が増えていくと、植物をエサにするさまざまな爬虫類もまた種類を増やしていった。そして、草食の爬虫類をエサにして、肉食の爬虫類も発達を遂げた。こうして、シダ植物の繁栄によって陸上には、豊かな生態系が築かれていったのである。

しかし、シダ植物が陸上への進出を果たしたとはいっても、まだまだ水際から遠くへと離れることはできなかった。

それは、受精をして子孫を残すために、水を必要としたからである。

シダ植物は胞子で移動をする。そして、胞子が発芽して前葉体が形成されるのである。前葉体の上では、精子と卵子が作られ、精子が水の中を泳いで卵子に到達し、受精する。精子が泳いで卵子にたどり着く方法は、生命が海で誕生した名残《なごり》である。

進化を遂げた陸上植物にしては、ずいぶんと古臭い方法と思うかも知れないが、人間も同じように精子が泳いで卵子と受精する。まったく同じなのだ。

ただし、人間の場合は、それが海の中で行われるのではなく、人間の体内で行われるのである。生命活動の基本は変わらない。陸上で生活する生物が、進化する上で克服すべき課題は、生命誕生の起源である海の環境をいかに陸上で実現するかにあったのだ。

地上に進出を果たしたシダ植物も、精子が泳ぐ水が必要なために、水分のあるジメジメとした場所でないと増えることができなかった。その結果、大繁栄したシダ植物も勢力範囲は水辺に限られ、広大な未開の大地への進出は果たせなかったのである。

画期的な二つの発明

その後、恐竜の時代に、繁栄をしていたのはシダ植物から進化を遂げた裸子植物である。

裸子植物が出現したのは、およそ三億年前の古生代ペルム紀のことである。

裸子植物は内陸へと分布を広げ、地上に恐竜の楽園を作る基《もと》になったのである。

どのようにして、裸子植物は、シダ植物の果たせなかった乾燥地帯への進出を実現したのだろう。

裸子植物は、植物の進化の歴史の中で、ある偉大な発明を行った。それが「種子」である。

種子を作る植物は「種子植物」と呼ばれる。裸子植物は「種子植物」の先駆けなのである。

種子は固い皮で守られているため、シダ植物の胞子よりも乾燥に耐えることができる。さらに、この固い皮に守られて、植物の種子は、いつまでも発芽のタイミングを待ち続けることができるのである。

植物が生存するには水が必要である。しかし、種子は水がなくても、水のある場所まで移動することもできるし、水が得られるようになるまで、じっと待ち続けることが可能なのである。つまり、植物の種子は空間を移動し、時間を超えることができるのだ。

裸子植物の工夫は、種子だけではない。もう一つの工夫が「花粉」である。シダ植物は、胞子で増える。胞子は種子の代わりのような感じがするかも知れないが、胞子は、種子植物の花粉に相当する。

花粉は精子を作らない。ただ、精細胞を作る。精細胞は精子と同じようなものだが、べん毛を持って泳ぐようなことをしないので、精細胞という別の名で呼ばれている。

花粉が種子の元になる胚珠《はいしゅ》に着くと、花粉管という管を雌しべの中に伸ばしていく。そして、花粉管の中を精細胞が移動して、胚珠の中にある卵と受精するのである。この方法であれば、水はいらない。
そして、裸子植物は水のない乾燥地帯へと分布を広げていくのである。

移動できるということ

裸子植物の強みは単に乾燥に強いというだけではない。移動能力が高いということも、特徴の一つだ。

シダ植物の場合は精子と卵子が受精してできた受精卵は、その場で大きくなり、シダ植物を形作る。ところが、種子植物は、受精卵が種子となる。そして、さらに移動することができるのである。

シダ植物は胞子で移動をするだけだが、種子植物は、花粉と種子という二度の移動のチャンスを手に入れたのである。これは、動けない植物にとっては、大きな飛躍だ。

メリットはさらにある。シダ植物は、胞子から形成された前葉体の上で、精子が卵子に泳ぎついて受精する。つまり、自殖である。もちろん、隣の前葉体まで精子が泳ぎつくこともあるかも知れないが、それでも近い個体と交配するだけである。

一方、種子植物は、胞子を進化させて花粉を作り出した。シダの胞子には雌雄の区別はないが、花粉は雄の配偶体である。そして、花粉が遠くへ移動することによって、よりさまざまな個体と交配をすることができるようになったのである。そして、多様な個体と交配することで、多様性のある子孫を残し、進化のスピードを早めることができる。

こうして生まれた裸子植物は、シダ植物に比べて多様な進化を遂げていったのである。エサとなる植物が多様になると、それを食べる動物もまた進化を遂げる。こうした裸子植物の進化の結果、多様な恐竜が生み出された。

スピーディな進化を可能にした裸子植物は、草食恐竜に食べられないように、大型化を進めていく。そして、裸子植物が巨大化を進めていくと、それを食べるために、恐竜もまた大型化していった。こうして裸子植物と恐竜が巨大化競争を推し進め、巨大な裸子植物の森と巨大な恐竜を主役とした生態系が生まれたのである。

そして、恐竜は滅んだ

一億四千万年前

大量絶滅ビッグファイブ

地球の歴史の中でも、大繁栄していた恐竜が絶滅してしまったことは、大事件である。

しかし、じつは地球の生物は、それ以前も何度も絶滅の危機を乗り越えてきた。古くは何度かのスノーボール・アースを乗り越えて、単細胞生物たちは生き延びた。

その後、生物が著しく進化を遂げて、動物の化石が発見される時代になってからも、生物は少なくとも五回の大量絶滅を乗り越えてきたと言われている。この五回の大量絶滅はビッグファイブと呼ばれている。

大量絶滅の要因については、わからないことが多い。しかし、気候の変動や地殻変動、大気の組成の変化などの地球環境の変化によって起こったと考えられている。

最初の大量絶滅は、古生代オルドビス紀末（約四億四千万年前）である。オルドビス紀は、オウムガイや三葉虫が活躍した時代である。また、一〇六頁で紹介した甲冑魚のような魚類が海を泳ぎまわっていた。そして、地上では、最初の原始的な植物が上陸を果たした時期である。

古生代オルドビス紀末の大量絶滅では、地球上の種の八四パーセントが絶滅したとされている。恐竜が絶滅した白亜紀の大量絶滅が七〇パーセントの種が絶滅したとされているから、その時期の大量絶滅よりも大規模だったのである。

二度目は古生代デボン紀後期（約三億六千万年前）である。

この時期には、陸上にはすでにシダ植物の森が形成され、昆虫が出現していた。そして、両生類が、上陸を果たしていた頃である。この大量絶滅では、種の七〇パーセントが絶滅したとされている。

三度目が古生代ペルム紀末（二億五千万年前）である。この時期にはすでに、巨大な両生類や爬虫類が出現していた。古生代ペルム紀末の大量絶滅では、驚くことに九六パーセントもの種が死滅した、地球史上最大の大量絶滅だったと言われている。

古生代の海に出現した三葉虫は、オルドビス紀末の大量絶滅で壊滅的な打撃を受けたが、わずかな種が生き残った。やがてデボン紀後期の大量絶滅でも大打撃を受けたが、いくつかの種が生存を果たした。しかし、そんな三葉虫も三度目の大量絶滅であるペルム紀末を乗り越えることはできずに、ついに絶滅したと考えられている。

四度目の大量絶滅が、中生代三畳紀末（約二億年前）である。この時期には、巨大な超大陸パンゲアが分裂し、地中から大量に吐き出された二酸化炭素とメタンによって、気温の上昇と酸素濃度の著しい低下を引き起こした。

これにより、それまで活躍していた種の七九パーセントが絶滅したとされている。そして、低酸素環境に対する適応能力を身につけた爬虫類が繁栄をし、恐竜へと進化を遂げていくのである。

そして五度目が、恐竜を襲った白亜紀末（六千五百万年前）の大量絶滅である。

白亜紀末には、七〇パーセントもの種が滅んだと言われている。

そして、恐竜が滅んだ

どうしてあれだけ繁栄した恐竜が、滅び去ってしまったのだろうか。そのドラマは謎に満ちている。

恐竜絶滅の引き金となったのは、はるか宇宙からやってきた隕石が地球に衝突したことにあると言われている。

六千五百五十万年前のことである。

現在のメキシコのユカタン半島沖に隕石が衝突した。その衝撃はすさまじく、広い地域が火球に包まれたとされている。高熱で巻き上げられた岩石は、落下して地球のあちらこちらで大規模な森林火災を起こした。そして、灼熱《しゃくねつ》の炎は多くの生物を焼き尽くしたのである。

この灼熱地獄を生き抜いても、安心はできない。巨大な隕石が落ちてできた巨大な穴に海水が流れ込む。やがて、猛烈な勢いで流れ込んだ海水は、穴がいっぱいになると今度はあふれ出して逆流した。そのあふれ出た海水が大地に向かってくる。

大津波である。

巨大津波は高さ一〇〇メートルを超えて内陸部へと襲いかかり、地形によっては高さ二〇〇〜三〇〇メートルに達することもあったと言われている。この津波は数日にわたり、何度も襲ってきたと考えられている。

未曾有《みぞう》の大災害によって多くの恐竜が滅んでしまったことだろう。しかし、それだけではない。隕石の衝突によって巻き上げられた粉塵《ふんじん》が地球全体を覆ってしまったのである。太陽光は遮断され、地球の気候は寒冷化していった。

太陽の光が当たらない大地では、植物が枯れ果て、わずかに残った恐竜たちも飢えて死んでいったことだろう。

こうしてついに恐竜は地球から絶滅してしまったのである。

生き残りしものたち

大繁栄していた恐竜のすべてを滅ぼしてしまうような大災害。

しかし、この過酷な環境を生き抜いた生物が存在した。彼らはどのようにして、この大災害を乗り越えたのだろうか。その原因もまたわかっていない。

しかし、生き抜いた生物たちには、共通点がある。それは、恐竜たちに虐げられ、限られた生息場所を棲みかとしていた敗者たちであったということである。恐竜の時代、広大な大地と大海の多くは、さまざまな恐竜に支配されていた。そして、大型の恐竜が棲みかとしない「水辺」という生息地で暮らしていた生き物がいた。

爬虫類である。

陸上にはティラノサウルスのような巨大な肉食恐竜が多くいる。また、海にも巨大な肉食恐竜がいる。しかし、限られた生息地である川を棲みかとする恐竜は少なかった。そのため、爬虫類たちはそこを棲みかとし、巨大なワニのような大型の爬虫類も発達をしたのである。

どうして爬虫類は生き残ることができたのだろうか。爬虫類の棲む水辺には生命に必要な水がある。また、高熱を避けることができ、保温効果のある水は、「衝突の冬」と呼ばれる厳しい環境を乗り越えることにも役立ったかも知れない。

また、恐竜は体温を保つことができる恒温動物であるのに対して、爬虫類は体温を維持することができない変温動物という古いタイプであったことも幸いしたのかも知れない。体温を保つためには、大量のエサを必要とする。しかし、ヘビやカメなどの爬虫類が冬眠をするように、変温動物である爬虫類は、気温が低くなると代謝活動が低下するのである。

鳥もまた、この大災害を乗り越えた。

鳥は恐竜から進化したとされている。しかし、大型の恐竜が大地を支配する中で、鳥となった恐竜は、他の恐竜の支配が及ばない空を自分たちの生息場所としていた。そして、地上では弱者であった鳥たちは、穴の中や木の洞の中に巣を作っていた。こうした隠れ家を持っていたことから、災害を逃れることができたのではないかと考えられているのである。あるいは、翼を持つ鳥は遠くに移動することができることも功を奏した要因かも知れない。

そして哺乳類も生き残った

そして、私たち哺乳類の祖先も生き残った。

恐竜の時代。哺乳類の祖先は、とても弱い存在であった。

自然界は強いものが弱いものを滅ぼしていく弱肉強食の世界である。そして、より強いものだけが生き残っていく適者生存の世界である。

大きいものが力を持ち、大きいものが強い時代である。恐竜たちは、進化するたびに大型化していった。

弱い存在である哺乳類が、この競争の中で勝つことができるはずがない。そこで、哺乳類が取った戦略が「小さいこと」を武器にすることであった。体が小さければ、恐竜の手の届かないところへ逃げ込むことができる。あまりに小さければ、巨大な肉食恐竜のエサとなることから逃れることもできる。しかも、体が小さければ必要とするエサも少ないから、エサの少ない場所でも生き残ることができる。

こうして、哺乳類の祖先は小型化の道を選んだのである。

とはいえ、小型の恐竜も存在する。

哺乳類たちは、さらに恐竜たちの目を逃れて新たな生活場所を見つけた。

それが「夜」である。

昼間は活動している恐竜が多いから、安心して活動することができない。そこで、恐竜たちの眠っている夜の間に、ひっそりと活動をするようになったのである。

とはいえ、あらゆる種類に進化をした恐竜でさえも活動しない「夜」に行動することは簡単ではない。哺乳類たちは、暗い闇の中でもエサを探すことのできる嗅覚《きゅうかく》と聴覚を発達させた。そして、感覚器官を司る脳を発達させていくのである。この逆境の中で身につけた感覚器官と脳が、後に哺乳類の繁栄の武器となるのである。

恐竜が繁栄した一億六千万年もの間、哺乳類たちは恐竜の目を逃れてひっそりと暮らしていた。虐げられた敗者だったのである。しかし、ひっそりと隠れていたことが幸いして、哺乳類たちは未曾有の大災害を生き残り、小さな体が、その後のエサが少なく寒冷な環境を生き抜くことに役立ったのである。

六度目の大量絶滅

そして現在、六度目の大量絶滅の危機に迫っていると言われている。

絶滅の大きさは、一年間に一〇〇万種あたり何種が絶滅するかという指標で表されている。通常、この値は〇・一程度である。これは、一年間に一〇〇万種あたり〇・一種が絶滅をするということである。現在、地球上の生物種は知られている種類で約二〇〇万種程度とされているから、つまり現在、地球にいる生物が十年間で二種、絶滅する程度である。

地球史上最大の大量絶滅であったペルム紀末の大絶滅の値は一一〇と見積もられている。

しかし、どうだろう。

現在から過去二百年間の脊椎動物の絶滅の値は、一〇六である。史上最大の大量絶滅に匹敵する絶滅が、今、私たちの目の前で起こっているのである。

過去の大量絶滅は、火山の噴火や隕石の衝突など物理的な現象によって引き起こされてきた。しかし、ユニークなことに六度目の大量絶滅は、生物によって引き起こされている。

その原因となる生物こそが、人類である。

思い出してほしい。過去に大量絶滅の憂き目にあったのは、地球を支配した強者たちであった。そして敗者たちが新しい時代を築いてきたのである。「地球を守ろう」と人は言う。「生物たちを守ろう」と人は言う。しかし、滅びるのは地球の支配者である人間の方ではないだろうか。

人類が滅んだとしても、地球はまったく影響を受けない。生物たちは人類の巻き添えを食うかも知れないが、やがて新たな生物たちが出現し、新たな生態系を築き上げることだろう。

三十八億年の生命の歴史の大激変に比べれば、人間が出現し、人間が滅びたとしても、何の影響もないのだ。

恐竜を滅ぼした花

二億年前

恐竜が滅んだ理由

大繁栄を遂げた恐竜が絶滅した理由は、謎に包まれているが、すでに紹介したように、恐竜絶滅の引き金となったのは、六千五百五十万年前に隕石が衝突し、環境が大きく変動したことにあるとされている。

しかし、隕石が地球に衝突する以前から、恐竜は次第に衰退の道をたどっていた。そして、その要因として、植物の進化があったのである。

どのようにして、植物の進化が恐竜を追い詰めていったのだろう。

種子を作る種子植物には、「被子植物」と「裸子植物」とがある。

中生代ジュラ紀（二億八百万年前〜一億四千五百万年前）、恐竜たちが闊歩《かっぽ》していた時代に繁栄を遂げていたのは、裸子植物であった。裸子植物は美しい花を咲かせることはない。ジュラ紀の森には、私たちがイメージするような色とりどりの花はまったくなかったのである。

その後、ジュラ紀から中生代末期の白亜紀（一億四千五百万年前〜六千五百万年前）にかけて、花という器官を発達させた被子植物が出現する。

被子植物は、種子植物の中で新しいタイプの植物である。一二四頁ですでに紹介したように、裸子植物は「種子」と「花粉」という二つの偉大な発明によって、乾燥した内陸での暮らしを実現した。しかし、被子植物は、「スピード」という武器で繁栄していく。

裸子植物と被子植物の違い

理科の教科書では、裸子植物は「胚珠がむき出しになっている」のに対して、被子植物は「胚珠が子房に包まれ、むき出しになっていない」と書かれている。

胚珠がむき出しになっているかどうかが、種子植物を大きく二つに分けるほどの重要なことなのかと思うかも知れない。しかし、胚珠が子房に包まれたということは、植物の進化にとって革新的な出来事であった。そして、この「胚珠が包まれる」ことによって、植物は劇的に進化することになる。そして、ついには恐竜を絶滅の道へと追いやっていくのである。

被子植物の特徴は、「胚珠がむき出しになっていない」ことにある。

胚珠とは種子の元になるものである。

植物にとって、もっとも大切なものは、次の世代である種子である。つまり、胚珠がむき出しになっているということは、もっとも大切なものが無防備な状態にあるということなのだ。ところが、あるとき、大切な種子を子房で包んで守る植物が現れた。これこそが被子植物である。

この子房の獲得こそが、植物に革命的な変化をもたらしたのである。

子房からは雌しべが伸びている。花粉は雌しべに付着すると花粉管を発芽させる。そして、花粉管は雌しべの中を伸びていくのである。そして、子房の中にある胚珠に達して受精をする。

胚珠は子房の中に守られるからこそ、安全に受精することができるのである。

しかし、利点はそれだけではなかった。

じつは、胚珠が包まれたことによって、革命的な出来事が起こるのである。それが受精のスピードアップである。

進化のスピードが加速した

そもそも裸子植物は、どうして大切な胚珠をむき出しにしているのだろうか。胚珠が種子になるためには、花粉と受精しなければならない。つまり、風で飛んでくる花粉をキャッチして受精するために、どうしても胚珠を外側に置いておかなければならないのである。

成熟した卵細胞をいつまでも外の空気にさらしておくことはできない。そのため裸子植物は、やってきた花粉を一度、取り込んでから胚珠を成熟させるのである。

生きた化石と言われるほど古いタイプの裸子植物であるイチョウの例を見てみよう。

よく知られているようにイチョウにはオスの木とメスの木とがある。オスの木で作られた花粉は風に乗り、メスの木のギンナンにたどりついて内部に取り込まれる。そして花粉はギンナンの中で二個の精子を作るのである。花粉がやってきたことを確認してから、ギンナンは四カ月をかけて卵を成熟させる。このときイチョウは、ギンナンの中に精子が泳ぐためのプールを用意する。そして卵が成熟すると精子が用意されたプールの水の中を泳いで卵にたどりつくのである。

水辺でなければ受精できないシダ植物と比べて、体内にプールを持つイチョウのシステムは画期的である。しかし、当時は斬新だったシステムも現代となっては古臭い過去のものとなっている。この懐古的なシステムを現代も採用しているのは、裸子植物のなかでもイチョウとソテツくらいである。

現在の裸子植物は、もう少し改良を加えた新しいシステムを採用している。代表的な裸子植物であるマツの例を見てみよう。

マツは春に新しい松かさを作る。これがマツの花である。

裸子植物であるマツは、花粉を風に乗せて他のマツの個体へと飛ばす。そして、松かさのりん片が開いたとき、マツの花粉が開いた松かさの中へ侵入するのである。すると、松かさは閉ざされ、翌年の秋まで開かない。そして、松かさの中で長い歳月をかけてメスの配偶子である卵とオスの配偶子である精核が形成され成熟するのである。

裸子植物として進化を遂げてきたマツでさえも、花粉が到達してから受精するまでに、およそ一年を要するのである。

一方の被子植物はどうだろう。

被子植物は、安全な植物の子房の内部で受精することができる。そのため、被子植物は花粉がやってくる前から、胚を成熟させた状態で準備しておくことができるのである。

そして、花粉がやってくると、すぐに受精を行うのである。

花粉が雌しべについてから受精が完了するまでの時間は数日。早いものでは数時間で完了してしまう。それまでは一年かかっていたものが、あっという間に受精が完了するのである。何という劇的なスピードアップだろう。

受精までの期間の短縮は、植物にいったい何をもたらすだろうか。

それまで、種子を作るのに長い年月を要していたのが、わずか数時間から数日でできるようになれば、次々に種子を作り、世代を早く更新することができる。

世代更新が進むということは、それだけ進化を進められるということだ。

こうして、植物の進化のスピードが速まっていったのである。

美しき花の誕生

進化のスピードが速まる中で、被子植物が手に入れたものが、「美しい花」である。

植物が美しい花を咲かせるのは、昆虫を呼び寄せて受粉させるためである。裸子植物は、風に乗せて花粉を運ぶ風媒花である。そのため、裸子植物の花は、美しく装飾する必要がない。むしろ、風まかせで花粉を運ぶ方法は、雄花から雌花に花粉が届く確率は低いから、花びらを飾るようなことにエネルギーを使うよりも、少しでも多くの花粉を作った方が良い。裸子植物が花粉を大量に生産するのは、そのためなのだ。

現代でもスギやヒノキなどの裸子植物が、大量の花粉をまき散らして、花粉症の原因として問題になるのは、裸子植物が風媒花だからなのである。

裸子植物から進化した被子植物も、もともとは風媒花であったと考えられる。しかし、ある偶然から、昆虫が花粉を運ぶようになる。

もともと昆虫は植物の花粉を運ぶために、花にやってきたわけではない。最初は、昆虫は花粉をエサにするために、花にやってきたのである。

しかし、花粉を食べるためにやってきた昆虫の体に付着した花粉は、昆虫が別の花を訪れると、偶然、その雌しべに付着する。こうして、昆虫によって、花粉が運ばれたのである。

昆虫は花粉を食べる害虫ではあるが、花から花へと移動するから、昆虫の体に花粉を付着させれば、効率良く花粉を運ぶことができる。少しぐらい昆虫に花粉を食べられたとしても、どこへ飛んでいくかわからない風まかせの送粉方法に比べれば、ずっと確実である。

こうして、昆虫に運ばせることによって、植物は生産する花粉の量を減らすことに成功した。そして、節約したエネルギーを使って、昆虫を呼び集めるために花を目立たせる花びらを発達させたのである。

やがて植物は、ついには昆虫のエサとなる甘い蜜まで用意し、芳醇《ほうじゅん》な香りを漂わせて、あの手この手で昆虫を呼び寄せるようになった。こうして生まれたのが、今日、私たちが知る美しい花なのである。

そして、このような劇的な進化をすることができたのは、子房を持った被子植物が、世代更新のスピードを速めることに成功していたからなのである。

木と草はどちらが新しい?

ところで、木と草とは、どちらがより進化した形だろうか。

幹を作り、複雑に枝を茂らせながら巨大な大木となる「木」の方が、進化した形のように思えるかも知れないが、じつはより進化をしているのは、草の方である。

水中から上陸を果たしたのは、草とは呼べないようなコケのような小さな植物だった。そして、その植物からシダ植物が進化したとき、シダ植物は頑強な茎と仮導管という通水組織を利用して、巨大な木を作り上げた。こうして地上には、シダ植物の森ができたのである。

その後、シダ植物から、裸子植物、被子植物へと植物は進化を遂げたが、植物は常に大きな木となり、巨木の森を作っていたのである。

草というスタイルが出現したのは、白亜紀の終わり頃であると言われている。

恐竜映画などを見ると、巨大な植物たちが森を作っている。その時代の植物は、とにかく大きかった。恐竜が繁栄した時代は、気温も高く、光合成に必要な二酸化炭素濃度も高かった。そのため、植物も生長が旺盛で、巨大化することができたのである。

植物は光を浴びなければ光合成をすることができないから、他の植物よりも高く伸びた方が有利である。こうして、植物は競うように巨大化していった。

そして、植物をエサにする草食恐竜たちもまた、高い木の上の葉を食べるために、巨大化していった。すると、植物も恐竜に食べられないように、さらに巨大化する。恐竜は巨大化した植物を食べるために、さらに巨大化し、首まで長くしていった。こうして植物と恐竜とが競い合って、巨大化を進めていったのである。

「大きいことはいいことだ」という言葉があるが、まさに大きいものが勝ち残る時代だったのである。

さらにスピードを上げていく

ところが、時代は移り変わっていく。

白亜紀の終わり頃になると、それまで地球上に一つしかなかった大陸は、マントル対流によって分裂し、移動を始めた。

分裂した大陸どうしが衝突すると、ぶつかった歪《ゆが》みが盛り上がって、山脈を作る。すると山脈にぶつかった風は雲となり、雨を降らせるようになる。こうして地殻変動が起こることによって、気候も変動し、不安定になっていったのである。

山に降った雨は、川となり、やがて下流で三角州を築いていく。草が誕生したのは、まさにこの三角州であったと考えられている。

三角州の環境は不安定である。いつ大雨が降り、洪水が起こるかわからない。そんな環境ではゆっくりと大木になっている余裕がない。そこで、短い期間に生長して花を咲かせ、種子を残して世代更新する「草」が発達していったのである。

被子植物は、ただでさえ受精期間の短縮に成功し、世代の更新を早めていたのに、数年で枯れるような草に進化することによって、ますます世代更新のスピードを速めていく。

そして、草となった被子植物は、目まぐるしく変化する環境に対応して、爆発的な進化を遂げた。

もはや被子植物の進化は自由自在だ。

陸上の哺乳類が、再び海に戻ってクジラになったように、中には環境に適応して、草から再び木に戻ったものもいる。昆虫の少ない環境では、虫媒花から再び、風が花粉を運ぶ風媒花に進化したものもいる。こうして、地球上のあちらこちらで、多様な植物が進化を遂げていったのである。

追いやられた恐竜たち

世代更新を早めることによって、環境の変化にいち早く適応して、劇的に進化を遂げる被子植物。

やがて、この被子植物が恐竜たちを追い詰めた。

進化のスピードを速めた被子植物に、恐竜の進化が追いついていくことができなかったのではないかと考えられているのである。

もちろん、恐竜もまったく進化をしなかったわけではない。

たとえば、子どもたちに人気のトリケラトプスは、花が咲く被子植物を食べるように進化をしたとされる恐竜の一つである。

それまでの草食恐竜たちは、裸子植物と競って巨大化し、高い木の葉が食べられるように、首を長くしていった。しかし、トリケラトプスは違う。トリケラトプスは足が短く、背も低い。しかも、頭は下向きについている。その姿はまるで草食動物のウシやサイのようだ。これは地面から生える小さな草を食べるのに適したスタイルである。

しかし、被子植物の進化の速度は、恐竜の進化を確実に上回っていたことだろう。トリケラトプスでさえも植物の進化についていくことは難しかったはずである。

被子植物は短いサイクルでさまざまな工夫を試みて、変化を遂げていく。植物を食べる草食恐竜に食べられないように身を守るための工夫もあっただろう。たとえば植物は、アルカロイドなどの毒性のある化学物質を次々に身につけた。そして恐竜は、植物が作り出すそれらの物質に対応することができずに、消化不良を起こしたり、中毒死したのではないかと推察されている。

実際に、白亜紀末期の恐竜の化石には、器官が異常に肥大したり、卵の殻が薄くなるなど、中毒を思わせるような深刻な生理障害が見られるという。そういえば、恐竜が現代に蘇《よみがえ》るSF映画『ジュラシック・パーク』でもトリケラトプスが有毒植物による中毒で横たわっているシーンがあった。

カナダ・アルバータ州のドラムヘラーからは、恐竜時代末期の化石が多く見つかっている。この地域の七千五百万年前の地層からは、トリケラトプスなど角竜が八種類も見つかっているのに対して、その一千万年後には、角竜の仲間はわずか一種類に減少してしまっているという。一方、この間に哺乳類の化石は、一〇種類から二〇種類に増加している。

確かに、恐竜絶滅の直接的なきっかけは隕石の衝突だったかも知れない。しかし、時代の移り変わりに対応できなかった恐竜たちは、すでに衰退の道を歩んでいたのである。

スピードアップは止まらない

裸子植物から被子植物へと進化を遂げて、世代更新のスピードを速めた植物。その草への進化は「単子葉植物への進化」として起こったと考えられている。

単子葉植物は、木となるモクレンやクスノキの仲間から分かれて進化をしたと考えられている。被子植物は大木となる木から、小さな草へと進化を遂げた。草への進化と単子葉植物の出現は同時に起こったのだ。そのため、現在でも単子葉植物はすべて草である。

単子葉植物に対して、それ以前の植物は双子葉植物と呼ばれる。やがて、「草」というスタイルが優れていたためか、単子葉植物とは別に、双子葉植物のままで、草として進化を遂げるものが現れた。単子葉植物の草本と、双子葉植物の草本は、それぞれ別々に進化を遂げたのである。

単子葉植物と双子葉植物の違いは、その名のとおり、子葉の数が、双子葉植物が二枚であるのに対して、単子葉植物は一枚である。さらに、理科の教科書を見ると、双子葉植物は茎の断面に形成層という導管と師管から成るリング状のものがあるのに対して、単子葉植物では形成層がない。また、根は双子葉植物が主根と側根という複雑な形状をしているのに対して、単子葉植物はただ細い根がひげのように伸びるひげ根と呼ばれる構造である。また、葉の葉脈も、双子葉植物は網目状で複雑に張り巡らされているのに対して、単子葉植物は、ただ葉脈が並んでいるだけの平行脈である。

ふつうに考えれば、単純な構造をした単子葉植物の方が古い植物で、複雑な構造

単子葉植物と双子葉植物

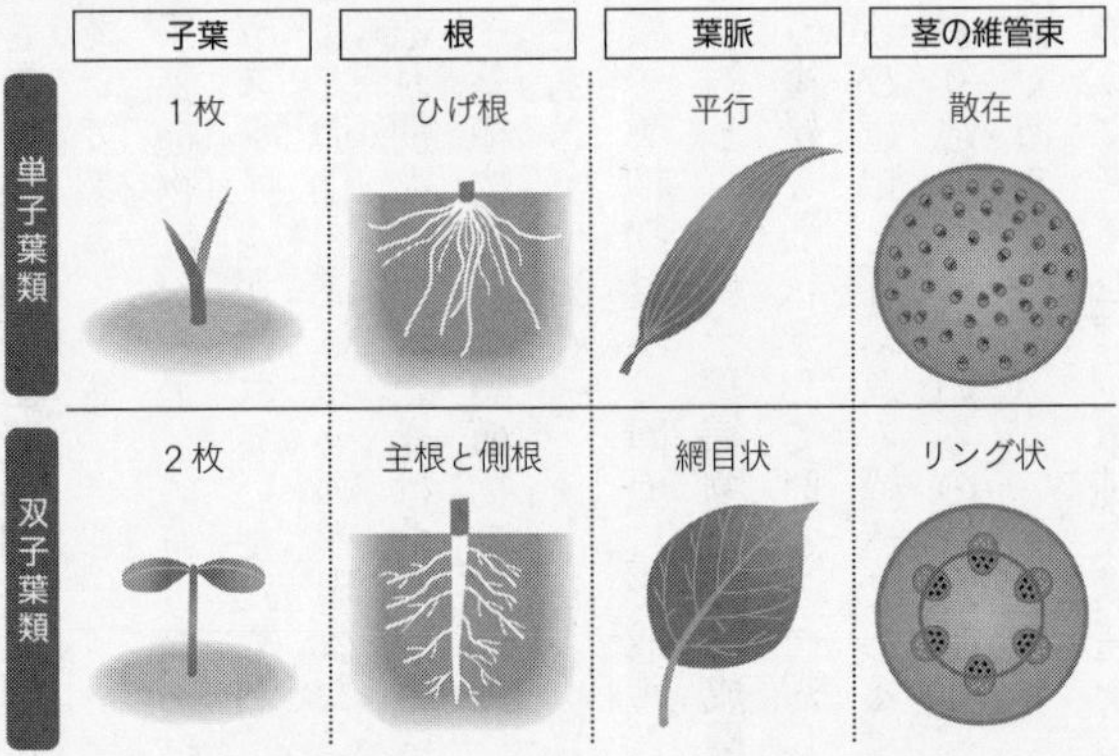

を持つ双子葉植物の方が、より進化した植物のような感じもするが、実際は逆である。つまり、単子葉植物への進化は、余計なものを捨てて、複雑なものをより単純化する方向で進んだのである。

木から草への進化は、生長を早めてよりスピードアップを図るためであった。大きくなるためには、しっかりとした構造を積み重ねていく必要があるが、小さな草であれば複雑な構造は必要ない。そのため、単子葉植物は、シンプルな生長を目指したのである。

命短く進化する

植物は、木から草へと進化していった。

しかし、考えてみると不思議である。木になる木本《もくほん》性の植物は、何十年も何百年も生きることができる。なかには樹齢が何千年にも及ぶようなものさえある。

一方、草である草本性の植物の寿命は一年以内か、長くてもせいぜい数年である。

その気になれば、数千年も生きることのできる植物が、わざわざ進化を遂げて、短い命を選択しているのである。

すべての生物は死にたくないと思って生命活動を行っている。だから植物は少しでも光を浴びようと枝葉を広げるし、動物は天敵から必死で逃げるのである。生き延びたいとすべての生物が懸命なのに、どうして植物は、短い命に進化したのだろうか。

六七頁で紹介したように、「死」は生命が自ら生み出した発明である。

命のリレーをつなげて変化し続けることで、生命は永遠である道を見出した。長い距離のマラソンレースを走り抜くことは大変である。特に、山あり谷ありの障害物レースだったとしたら、どうだろう。四二・一九五キロ先のゴールにたどり着くことは、簡単ではないだろう。

しかし、それが一〇〇メートルだったら、どうだろう。全力で走り抜くことができるに違いない。もし、多少の障害が待ち構えていたとしても、全力で障害を乗り越えるだろう。テレビ番組の企画で、マラソン選手と一〇〇メートルずつバトンリレーをする小学生の対決が行われたりするが、マラソン選手でさえも、全力疾走する小学生のバトンリレーにはかなわない。

植物も同じである。千年の寿命を生き抜くことは難しい。途中で障害があれば、枯れてしまうかも知れない。一方、一年の寿命を生き抜く方が、天命を全うできる可能性が高いだろう。だから、植物は寿命を短くし、一〇〇メートルを走り切ってバトンを渡すように、次々に世代を更新していく方を選んだのである。特に、植物は世代を経ることで変化したり、進化を早めることができる。

そして被子植物は世代を進めることで、変化する環境や時代の移り変わりに対応することを可能にしたのである。

花と虫との共生関係の出現

二億年前

共生する力

世代更新のスピードアップに成功した被子植物。

それでは、被子植物は、どのような方向に進化を遂げていったのだろう。

その成功の秘訣《ひけつ》は、「他の生物と積極的に関わることであった」とされている。被子植物は、他の生物と互いに影響し合うことによって、より多様なものを生み出した。

これに対して裸子植物は他の生物との関わりが少なかった。この違いが、裸子植物から被子植物への勢力の逆転に影響したと考えられているのである。

それでは、被子植物はどのような生物とどのような関わりを作り上げていったのだろう。

その最初のパートナーは、すでに紹介した昆虫である。

被子植物は、昆虫に花粉や蜜を与え、その代わりに花粉を運んでもらうという共生関係を手に入れた。

この相思相愛の共生関係を進化させる過程で、最初に花粉を運んだ昆虫は、コガネムシの仲間であったと考えられている。言わば、植物にとっては初恋の相手である。

被子植物の最初のパートナー

初恋というものが、どこか不器用でスマートさに欠けるのは、昔も今も変わらないようだ。

現代でも、コガネムシはけっして器用な昆虫ではない。チョウやハチなどの花から花へと飛び回る昆虫と異なり、コガネムシは墜落したかと思うほど、ドスンと花に着陸し、エサの花粉を食べあさって花の中を動き回る。しかし、この当時はチョウやハチなどはまだ出現していない。花粉を運んでくれる昆虫は、こんな不器用で愛らしいパートナーだったのである。

しかし、花粉を運ぶ昆虫の中にも、効率よく花粉を運んでくれる昆虫と、そうでない昆虫がいる。植物の立場に立ってみれば、できれば効率よく花粉を運んでくれる昆虫に花に来てほしい。

こうして植物はパートナーを選《え》り好みするようになった。

そんな植物の要求に応えるように進化をしたのが、花から花へと華麗に飛び回るハチの仲間である。

植物の中には、器用なハチをパートナーとして選ぶものが出現した。

ハチを呼び寄せるために、植物は花を美しい花びらで目立たせた。そして、花粉とは別に「蜜」という特上のご馳走を用意したのである。

しかし、豪華なご馳走を用意すれば、ハチ以外の昆虫たちも集まってきてしまう。そのため、植物は器用なハチだけに蜜を与えるように、蜜を花の奥に隠したり、花の形を複雑にして他の虫の侵入を拒むようになっていったのである。

そして、ハチはといえば、花の形が複雑になると、それに対応して、花にもぐり込む能力を発達させたり、花の形を認識する能力を発達させていった。

こうして、植物と昆虫は共に進化を遂げていったのである。

果実の誕生

世代更新を早め、進化のスピードアップに成功した被子植物が発明したものは、昆虫と共生する「花」だけではない。「果実」もまた、劇的な進化の中で、植物が発達させた「共生するためのもの」である。

すでに述べたが、裸子植物と被子植物の違いは、種子の元になる胚珠がむき出しになっているかどうかであった。

裸子植物は、胚珠がむき出しになっている。これに対して、被子植物は、大切な胚珠を守るために、胚珠のまわりを子房でくるんだのである。

子房で守ることによって、胚珠はさらに乾燥にも耐えられるようになった。また、子房には大切な種子を害虫や動物の食害から守るための役割もあったことだろう。

ところが、やがて子房を食べた哺乳類が、一緒に食べた種子を糞《ふん》として体外に排出することで、結果的に種子が移動することが可能となった。そして、植物は果実を作ることで種子を散布させるという方法を発達させるのである。

動物や鳥が植物の果実を食べると、果実と一緒に種子も食べられる。そして、動物や鳥の消化管を種子が通り抜けて糞と一緒に排出される頃には、動物や鳥も移動し、種子が見事に移動することができるのである。

何ということだろう。被子植物は、あろうことか、胚珠を守っていたはずの子房を発達させて、食べさせるための果実を作ったのである。

植物は動物や鳥にエサを与え、動物や鳥は植物の種子を運ぶ。このように果実によって、動物や鳥と植物とは共生関係を築いたのである。

鳥の発達

果実を食べて、植物の種子を最初に運んだのは、哺乳類だったと言われている。哺乳類は、もともとは昆虫食だったが、その中から果実をエサにするものが発達したのである。

そして、白亜紀の後期にはさまざまな鳥が発達を遂げる。それは被子植物の出現によって、植物が多彩な進化を遂げたことと無関係ではない。

花が進化することによって、蜜をエサにして花粉を運ぶ鳥が現れた。そして、花の形に合わせてさまざまな鳥が進化していったのである。また、さまざまな植物をエサにするために、さまざまな昆虫が発達する。さらに、植物はさまざまな果実をつける。こうして、エサが多様化することによって、鳥もまた多様な進化を遂げていったのである。

現在では、植物の果実をエサにして種子を運ぶ役割は、哺乳類よりも、むしろ鳥類が担っている。哺乳類は歯が発達しているので、果実だけでなく種子を嚙み砕いてしまう恐れがある。これに対して鳥は、歯がないので、種子を丸呑《の》みする。また、消化管が短いので、種子は消化されずに無事に体内を通り抜けることができる。さらに、鳥は大空を飛び回るので哺乳動物に比べると移動する範囲が大きい。そのため、植物にとっては、鳥こそが種子を運んでもらう最良のパートナーなのである。

植物は、効率よく種子を運んでもらうために、あるサインを作り出した。それが果実の色である。

果実は、熟すと赤く色づいてくる。これは赤く色づいて果実を目立たせているのである。

一方、種子が成熟する前に食べられてしまうと困るので、未熟な果実は葉っぱと同じ緑色をして、目立たなくしている。また、苦味を持って食べられないように守っているのである。

赤色は「食べてほしい」、緑色は「食べないでほしい」、これが植物と鳥との間で交わされるサインなのである。

食べられて成功する

こうして、被子植物は他の生物たちと助け合う「共生関係」を築いてきた。

植物は花を咲かせて、ハチやアブなどの昆虫を呼び寄せる。そして、昆虫に花粉や蜜を与える代わりに、効率よく花粉を運んでもらうことで、受粉を手伝ってもらっている。

また、植物は甘い果実で鳥を呼び寄せる。そして、果実をエサとして与える代わりに、種子を運んでもらっているのである。

動けない植物にとって移動できるチャンスは二度しかない。一つ目のチャンスは花粉、そして、二つ目のチャンスが種子である。植物は、この二度のチャンスを最大限に活かすために、昆虫に花粉を運んでもらったり、鳥に種子を運んでもらったりしているのである。

このような共生関係は、どのようにして築かれたのだろうか。

まだ、恐竜がいた白亜紀、昆虫が花にやってきたのは、花粉を運ぶためではなかった。昆虫たちは、花粉をエサにするために、花にやってきたのである。昆虫は、花粉を食べあさる植物の大敵だったのだ。しかし、昆虫が花から花へと飛び回り花粉を食べるうちに、偶然にも花粉を食べにきた昆虫についた花粉が、他の花に運ばれて受粉をした。そして、植物は昆虫を利用するようになり、昆虫のために甘い蜜まで用意していったのである。憎い敵であったはずの昆虫を巧みに仲間にしたのである。

果実はどうだろうか。植物の果実も白亜紀に発達を遂げた。鳥たちも種子を運んでやろうという親切心で植物に近づいてきたわけではない。種子や種子を守る子房をエサにしようとやってきたのかも知れない。しかし植物は、その鳥をパートナーにして成功した。

植物は「食べられること」を巧みに利用して成功してきたのである。

共生関係に導いたもの

自然界は弱肉強食である。生き馬の目を抜くような厳しい競争を勝ち抜いた生物だけが生き残ることができる。そこにはルールも道徳もない。どんな手段を使っても、生き抜いた方が勝ちという世界である。この競争の厳しさは、人間社会の競争とは比べ物にならないだろう。

しかし、である。そんな中で、植物は厳しい競争の果てに、共存の道を探し出し、他の生物と助け合って生きる術《すべ》を身につけた。

競い合うよりも、助け合った方が生き残ることができる。

これが厳しい自然界で被子植物が出した答えである。

そして、お互いが助け合う共生関係のために被子植物がしたことは何だっただろうか。植物が意図したわけではなかっただろうが、植物は昆虫に花粉を与え、蜜を与えた。そして、鳥たちには甘い果実を用意した。こうして、結果的に自分の利益よりも、まず相手の利益のために「与えること」、それが、共生関係を築かせたのである。

新約聖書の言葉に「与えよ、さらば与えられん」というものがある。

この言葉を説いたキリストが地上に現れるはるか昔に、被子植物はこの境地に達していたのである。

古いタイプの生きる道

一億年前

リストラという選択

被子植物のあるものは、草として進化をした。しかし、すべての植物が草になったわけではない。木としての生き方を選んだ木本植物も多くある。

そして木本植物の被子植物の中にも、新たなタイプが生まれた。それが冬になると落葉する落葉樹である。

落葉樹が誕生したのは、白亜紀の終わり頃であると考えられている。

恐竜を絶滅させた隕石が地球に衝突した後、地球の気候は寒冷化していった。こうした中で、寒さに耐えるための「落葉」という仕組みが作られたのである。

「落葉」は極めて優れた仕組みである。

植物にとって葉は、光合成をするために不可欠な器官である。しかし同時に、葉からは蒸散によって水分が失われるという欠点がある。

隕石の衝突によって巻き上げられた粉塵は、太陽の光を遮る。すると光合成の能力は低下してしまう。さらに光合成は化学反応なので、温度に依存する。気温が低くなると、光合成能力は低下してしまうのである。気温が冷え込めば、根の動きも鈍り、水の量も不足する。光合成能力は低下していくのに、貴重な水分は浪費する。こうなると、植物の葉は、お荷物になってしまう。

このような状態では、ぐんぐん伸びるよりも、ずっと耐え忍ぶことが大切になる。そこで植物は、光合成はできなくなっても、水分を節約することを選択する。そして、自ら葉を落とすのである。いわばリストラのようなものだ。

落葉樹は、こうして厳しい低温条件を乗り越える術を身につけた。

しかし、被子植物の木の中には、葉を落とさないものもある。カシやクスノキは冬の間も葉を落とさない。これらの植物は、常緑樹と呼ばれるが、葉の表面に光沢があることから照葉樹とも呼ばれている。

葉に光沢があるのは、これらの木々の葉がクチクラと呼ばれるワックス層で厚くコーティングされているためである。このクチクラで、余分な水分が蒸発するのを防ぐのである。しかし、この方法だけでは厳しい低温を乗り切ることはできない。残念ながら、現在でも照葉樹が見られるのは暖かい地方である。葉を落とす落葉樹の方が、より寒い地域に適応したシステムなのだ。

追いやられた針葉樹

被子植物の木の中に、葉を落とす落葉樹と常緑の照葉樹があるのに対して、遅れたタイプである裸子植物は、針葉樹と言われている。

裸子植物もまた低温に耐えるために進化を遂げた。それが、葉をコーティングするとともに、光合成能力を犠牲にしてでも葉を細くすることだったのである。これらの木は、葉が針のように細くなっているため、「針葉樹」と呼ばれている。

寒さに適応して進化をした落葉樹に比べると、裸子植物である針葉樹はずいぶんと古いタイプの植物である。

ところが、である。

シベリアやカナダの北方地帯に分布するタイガや、北海道のトドマツ林やエゾマツ林のように、遅れた植物である針葉樹が、もっとも寒さの厳しい極地に広大な森を作っているのである。

じつは、被子植物が獲得した仕組みの一つに「導管」がある。

シダ植物や裸子植物は、仮導管という仕組みで水を運んでいる。これは、細胞と細胞の間に小さな穴があいていて、この穴を通して細胞から細胞へと順番に水を伝えていくものである。いわばバケツリレーのようにして水を運んでいくのである。

仮導管は、シダ植物の進化によって獲得したシステムである。水を運ぶ効率は悪いが、それでも根で吸った水を運ぶ専用の器官というのは、当時としては、かなり画期的だったことだろう。しかし、仮導管の細胞は体を支えるという茎の役目も担っていたから、細胞壁は厚く、水を通すための穴も大きくすることはできなかった。

これに対して、被子植物は、細胞と細胞との壁を完全になくして空洞を作り、水道管のように通水できる導管という仕組みを手に入れた。さらに、体を支える細胞と水を通す部分を機能分担させることによって、通水部分を太くすることも可能となったのである。こうして、被子植物は、通水専用の空洞組織で、根で吸い上げた水を大量に運搬している。

仮導管であっても、ちゃんと水は運ぶことができるのだから、まったく問題はない。この仮導管で裸子植物は、時間を掛けてゆっくりと大きな体を作る。

しかし、時代はスピードを求めるようになった。環境の変化に対応するために、被子植物は世代更新のスピードを速めなければならない。そのためには、素早く生長して、できるだけ早く花を咲かせる必要がある。このスピーディな生長のためには、水を効率良く運ぶことのできる導管が有利だったのである。

古いタイプの生きる道

しかし、この新しいシステムには、欠点があった。それは水の凍結に弱いという点である。

導管の中は水がつながって水柱となっている。そして、葉の表面から蒸散によって水が失われるとその分だけ水が引き上げられる。このシステムによって導管を持つ植物は水を吸い上げているのである。

ところが、導管の中の水が凍結すると、氷が溶けるときに生じた気泡によって水柱に空洞が生じてしまう。すると、水柱のつながりに切れ目が生じて、水を吸い上げることができなくなってしまうのである。

一方、裸子植物の仮導管は、細胞と細胞の間に小さな穴があいていて、この穴を通して細胞から細胞へと順番に水を伝えていく方法で水を運んでいる。これは水を一気に通す導管に比べると、効率がすこぶる悪い。いかにも古臭いシステムである。しかし、バケツリレーのように細胞から細胞へと確実に水を伝えるので、導管のようなことは起きにくい。そのため、裸子植物は、凍てつくような場所でも水を吸い上げて生き残ることができるのである。こうして、裸子植物は凍結に強いという優位性を生かして、極寒の地に広がって生き延びたのだ。

地球に被子植物が出現し、分布を広げていく中で、末期の恐竜たちの化石は追いやられた裸子植物と共に見つかるという。被子植物をエサにできなかった恐竜たちは、裸子植物と共に棲みかを奪われていったのである。そして、生育に適した温暖な地域に被子植物が広がると、裸子植物は寒冷な土地へと分布を移動させていった。

現在、北の大地に見られる裸子植物の針葉樹林は、被子植物の迫害を受けた裸子植物の末裔たちである。

被子植物の落葉という新しいシステムでも乗り切れなかった寒冷な環境さえ乗り切って、生き残った。そして、その秘密こそが、裸子植物が持つ時代遅れのシステムだったのである。

哺乳類のニッチ戦略

一億年前

弱者が手に入れたもの

哺乳類は恐竜が絶滅した後に出現したイメージがある。しかし実際には、哺乳類の歴史は古い。

哺乳類は爬虫類から進化したとされている。しかし、両生類から爬虫類の祖先である双弓類が進化したのと同時に、哺乳類の祖先である単弓類と呼ばれる生物種も出現している。このことから、哺乳類もまた両生類から進化をしたと考えることもできる。

その後、最初の哺乳類が出現したのは、中生代三畳紀の後期、二億二千五百万年前のことである。これは、恐竜の出現とほぼ同時期である。

それなのに、地球を我が物顔に支配したのは恐竜たちであった。

私たちの祖先である哺乳類は、恐竜との覇権争いで敗者になったのだ。

そして、哺乳類は大型恐竜から逃げるかのように、恐竜の活動が少ない夜間に活動する夜行性の生物として進化を遂げていくのである。

しかし、弱い存在であった哺乳類は、弱い存在だったがゆえに身につけたものがある。

それが敵から身を隠し、暗闇の中でエサを探すための優れた聴覚や嗅覚である。

そして、狭い場所で活動する俊敏性も身につけた。

そして、哺乳類が身につけたもう一つの武器が「胎生」である。

卵を産んで、どんなに卵を守ろうとしても、弱い存在である哺乳類に卵を守るだけの力はない。泣く泣く卵を諦めて命からがら逃げたこともあったろう。必死に守ろうとした卵を奪われて食べられてしまうこともあったろう。

そこで哺乳類は卵を産むのではなく、お腹の中で子どもを育ててから産み落とすという胎生を身につけたのである。

生物が生存するためには、「ニッチ」が必要である。

恐竜がいる間、じつは、ほとんどのニッチは恐竜と呼ばれる生物種で占められていた。そこで、哺乳類は恐竜のいない夜の時間にニッチを求めたのである。

生物の生存に必要なニッチとはいったい何だろう。

ここで「ニッチ」について、少しだけ説明することにしよう。

生物のニッチ戦略

人間のビジネスの世界では、「ニッチ戦略」という言葉がある。

ニッチとは、大きなマーケットとマーケットの間の、すき間にある小さなマーケットを意味して使われることが多い。しかし、この「ニッチ（Niche）」という言葉は、生物学の用語として使われていたものがマーケティング用語として広まったものである。

「ニッチ」という言葉は、もともとは、装飾品を飾るために寺院などの壁面に設けたくぼみを意味している。やがてそれが転じて、生物学の分野で「ある生物種が生息する範囲の環境」を指す言葉として使われるようになった。生物学では、ニッチは「生態的地位」と訳されている。

一つのくぼみに、一つの装飾品しか飾ることができないように、一つのニッチには一つの生物種しか棲むことができない。

生物にとってニッチとは、単にすき間を意味する言葉ではない。すべての生物が自分だけのニッチを持っている。そして、そのニッチは重なり合うことがない。もし、ニッチが重なれば、重なったところでは激しい競争が起こり、どちらか一種だけが生き残る。

まるでイス取りゲームのようだ。このイス取りゲームに勝ち残った生物が、そのニッチを占めることができるのである。

ニッチの争いは、野球のレギュラーポジション争いにたとえることができるかも知れない。

一番の背番号をもらえるエースピッチャーは一人だけ。キャッチャーもファーストも、すべてのポジションには一人だけが選ばれる。ピッチャーが交代するときには、一人のピッチャーはマウンドを降りなければならない。ピッチャーマウンドと同じように、一つのニッチは一つの生物種しか占めることができない。

そのため、ニッチを巡って激しい争いが起こることになる。

生存競争のはじまり

一つのニッチには、一種しか生きることができない。共存は認められないし、ナンバー2は滅びゆく運命にある。

このような厳しい自然界は、いつから作られたのだろうか。

「ガウゼの実験」と呼ばれる実験がある。

ガウゼは、ゾウリムシとヒメゾウリムシという二種類のゾウリムシを一つの水槽で一緒に飼う実験を行った。

すると、どうだろう。水やエサが豊富にあるにもかかわらず、最終的に一種類だけが生き残り、もう一種類のゾウリムシは駆逐されて、滅んでしまうのである。

ニッチを同じくするものは、共存することができない。強いものが生き残り、弱いものは滅んでしまう。

これが、「競争的排除則」という原則である。

芸能界では、「キャラが被る」ということを嫌う。同じような特徴を持つ芸能人は、テレビ番組の中では二人はいらない。どちらかが出演できて、どちらかが使われない。まさに芸能界の生き残り競争と同じである。

生存環境が被る２種類のゾウリムシは共存できない

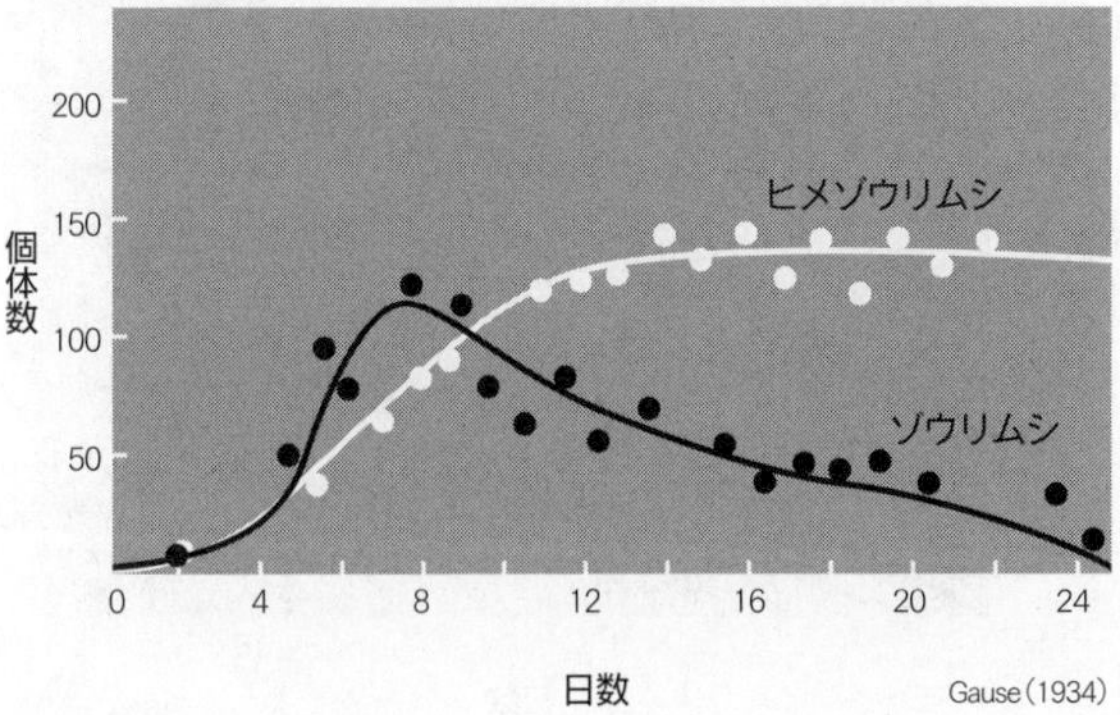

ナンバー１しか生きられない。これが自然界の厳しい掟である。

そして、それはゾウリムシという単細胞生物の世界ですでに見られる原則なのである。

「棲み分け」という戦略

しかし、不思議なことがある。

似たような生物は共存することができない。ナンバー１のみが生き残り、ナンバー２以下の生物は滅びゆくしかない。

そうだとすれば、どうして自然界にはこんなに多くの生き物がいるのだろうか。

じつは、ガウゼの実験には続きがある。

ゾウリムシの種類を変えて、ゾウリムシ

生存環境を分け合う２種類のゾウリムシは共存できる

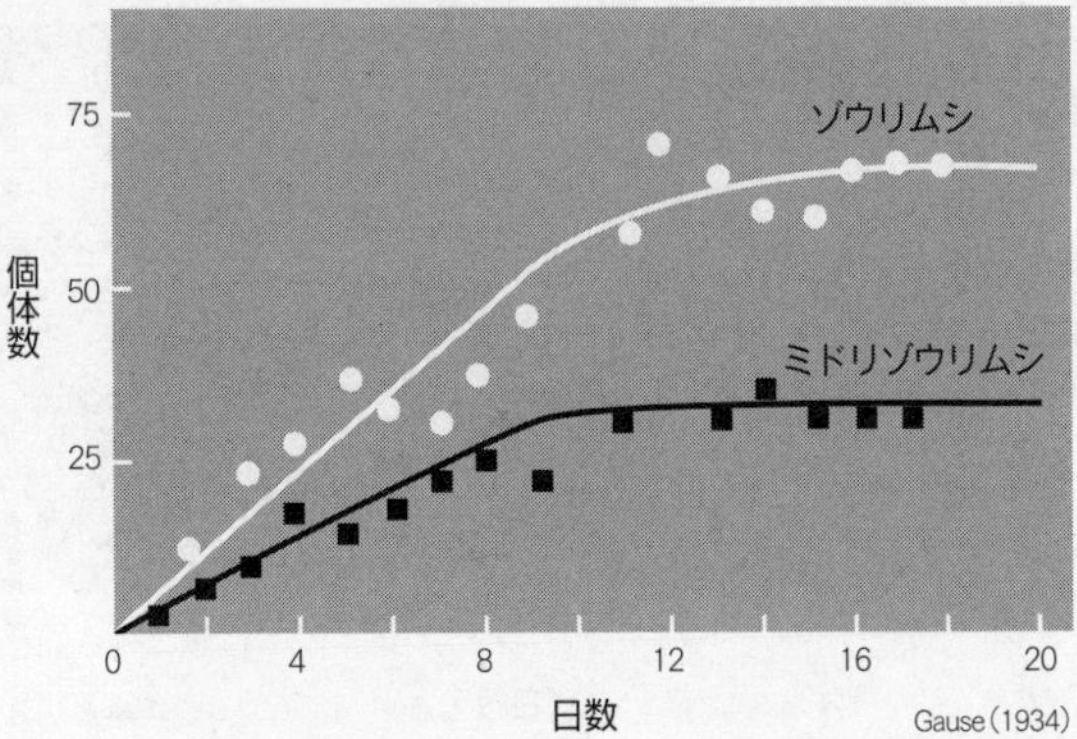

とミドリゾウリムシで実験をしてみると異なる結果が観察された。じつは二種類のゾウリムシは、どちらも滅びることなく一つの水槽の中で共存したのである。

どうして、この実験では、二種類のゾウリムシが共存しえたのだろうか。

じつは、ゾウリムシとミドリゾウリムシは、棲む場所とエサが異なっていた。ゾウリムシは、水槽の上の方にいて、浮いている大腸菌をエサにしている。

一方、ミドリゾウリムシは水槽の底の方にいて、酵母菌をエサにしている。

つまり、ゾウリムシは水槽の上の世界でナンバー１であり、ミドリゾウリムシは水槽の底の世界でナンバー１である。

このように、同じ水槽の中でも、棲んでいる世界が異なれば、競い合う必要もなく共存することができる。これが「棲み分け」と呼ばれるものである。

つまり、同じような環境に暮らす生物どうしは、激しく競争し、ナンバー1しか生きられない。しかし暮らす環境が異なれば、共存することができるのである。

自然界には多くのニッチがある。すべての生物は、そのニッチを分け合って、それぞれの世界で暮らしている。そして、すべての生物がニッチが被らず、キャラクターも被ることのない個性ある存在ということなのである。

同じ場所を棲み分ける

本当に、すべての生物がナンバー1であり、ニッチを分け合っているのだろうか。

現在の哺乳類の世界を見てみよう。

アフリカのサバンナには、さまざまな草食動物が共存して暮らしている。彼らは、本当に棲み分けをしているのだろうか。

シマウマは草原の草を食べている。一方、キリンは、地面に生える草ではなく、高い木の葉を食べている。つまり、シマウマとキリンは、同じサバンナの草原にいても、争わないようにエサを分けているのである。

草原の草を食べる動物は、シマウマの他にもいる。たとえば、ヌーやトムソンガゼルはどうだろうか。じつは、これらの動物もエサを少しずつずらしている。ウマの仲間のシマウマは、草の先端を食べる。次にウシの仲間のヌーは、その下の草の茎や葉を食べる。そして、シカの仲間のトムソンガゼルは地面に近い背丈の低い草を食べている。こうして、同じサバンナの草食動物も、食べる部分をずらして、棲み分けているのである。

また、サバンナには、シロサイとクロサイという二種類のサイがいる。このサイはエサを巡って争うことはないのだろうか。

シロサイは幅広い口をしていて、地面に近い背の低い草を食べている。一方、クロサイはつぼんだ口をしていて、背の高い草を食べている。ゾウリムシがそうであったように、サイもまた、こうしてエサをずらしているのである。

ニッチは単に場所のことではない。同じ場所であっても、エサが異なればニッチを分け合うことができる。また、暮らす季節が異なってもニッチは分け合うことができる。このように、場所やエサを変化させて共存することを、「棲み分け」と呼ぶ。

もっとも、生物たちは平和共存を目指して「棲み分け」をしているわけではない。激しい競争の結果として、棲み分けが起こっているのである。

新たなニッチはどこにある

こうして、さまざまな生物が自分自身のニッチを持っている。そして多くの生物のニッチによって自然界は埋め尽くされているのである。それは、まるでイス取りゲームのようなものだ。一つのイスには一つの生物しか座ることができないから、あらゆる生物が常にイスを奪い合っている。

残念ながら、進化の過程で地球上のほとんどのニッチがすでに埋められている。新たなニッチというものは、なかなかないのである。

恐竜たちが地球を支配していたとき、哺乳類に与えられたニッチは、恐竜のいない夜という時間の、恐竜が棲めないような小さな空間しかなかった。そして、哺乳類は細々とつつましく生きていたのである。

しかし、恐竜がいなくなった後、地球上のあらゆるニッチに空席ができた。そして、明け渡されたニッチを埋めるように、哺乳類はさまざまな環境に適応して進化を遂げたのである。

哺乳類の祖先はネズミのような小さな生き物であったとされているが、トリケラトプスのような草を食べる草食恐竜がいなくなると、そのニッチを埋めるかのように、サイやウシのような哺乳類が進化をする。そして、草食恐竜を食べていたティラノサウルスの代わりに、そのニッチには、トラやライオンなどの猛獣が進化を遂げるのである。このように、さまざまな環境に適応して変化する現象は「適応放散」と呼ばれている。

現在では適応放散の例は、有袋類に見ることができる。

カンガルーなどの有袋類は、お腹の中で胎児を大きく育てることができないため、未熟な赤ちゃんを産んで、袋の中で育てる。これは哺乳類の中では、古いタイプである。そのため、お腹の中で胎児を十分に育てることができる動物が進化をすると、有袋類は滅んでしまった。しかし、オーストラリアでは哺乳類はカンガルーの仲間の有袋類しか存在しなかった。そのため、有袋類がさまざまに進化を遂げたのである。

たとえば、他の大陸ではシカなどが占めている大型草食動物のニッチを埋めるようにカンガルーが進化した。ネズミのニッチにはフクロネズミが、モモンガのニッチにはフクロモモンガが進化した。そして、オオカミのような肉食獣のニッチにもフクロオオカミが進化した。さらに、モグラのニッチにさえフクロモグラが進化を遂げ、特異的に思えるナマケモノのニッチにさえ、コアラが進化したのである。

その結果、有袋類しかいなかったにもかかわらず、他の大陸のさまざまな生物と同じように多様な生物が進化したのである。

このように、イス取りゲームのように、空いているニッチは、速やかに埋められていく。

一つの祖先からさまざまな種が進化した有袋類と同じように、恐竜絶滅後には、哺乳類もさまざまに進化をしながらニッチを埋めていった。そして、多様な動物の世界を作ったのである。

哺乳類が世界を支配できた理由

恐竜が絶滅し、空いたニッチを哺乳類たちは埋めながら繁栄していった。そして、哺乳類は恐竜に代わり地上の支配者となっていくのである。

しかし、である。

恐竜が滅んだ直後の地球で影響力を強めていったのは、哺乳類ではなかった。それは哺乳類とともに絶滅の危機を乗り越えた鳥類と爬虫類だったのである。

鳥類と爬虫類は、恐竜がいる時代であっても、ある程度の地位を確保していた。鳥類は空を思うがままに支配する空の王者であり、爬虫類はワニに見られるように大型にも進化を遂げた水辺の王者だったのである。

これに対して、哺乳類は何の進化もしていない小さなネズミのような存在だった。ニッチを奪われ、ほんの小さなニッチに押し込められていたのである。

しかし、これが幸いした。

鳥は、他の生物が成し遂げることのできなかった「飛ぶ」という進化を遂げた。そして空を手に入れた成功者である。

ワニのような爬虫類もすでに水辺では王者であった。陸上は恐竜に支配されているが、水辺ではワニが恐竜をエサにしていたほどである。現在でも、ワニは恐竜時代と変わらぬ姿で地球に存在している。つまり、ワニの「型」は、恐竜の時代にすでに完成していたのである。

このように、すでに自分の成功の型を持っていた鳥や爬虫類は、その型を崩してまで大きく変化することはできなかった。しかし、哺乳類は何の進化も遂げていない。どんな変化をしても失うもののない「まっさら」な状態だったのである。

何かに挑戦するときに、ゼロであることほど強いものはないのかも知れない。何も持っていなかった哺乳類は、さまざまな環境に合わせて自在に変化していったのである。

滅びゆくもの

ニッチを奪い合う進化の過程で、哺乳類の間でもニッチをめぐる壮絶な競合があったことだろう。

代表的な例にギガントピテクスがある。

ギガントピテクスは、百万年ほど前に、人類との共通の祖先から分かれて進化した類人猿である。ギガントは英語では「ジャイアント」の意味であり、ギガントピテクスは「巨人」という意味だ。

その名のとおり、ギガントピテクスは大型で身長は三メートル、体重は五〇〇キログラムもある。ゴリラよりもずっと巨大な史上最大の類人猿だ。

こんなに強そうな類人猿が、どうして滅んでしまったのだろう。

一説によると、ジャイアントパンダとのニッチをめぐる競合に敗れてしまったのではないかと考えられている。ジャイアントパンダも「ジャイアント」と冠する大型の生物である。ジャイアントパンダは竹を主食とする大型の哺乳類であった。そして、ギガントピテクスもまた、竹を主食としていたことによって、ジャイアントパンダとニッチが重なってしまったことが絶滅の原因と考えられているのである。

まさに生き残りを賭けたイス取りゲーム。ニッチをめぐる争いは、これほどまでに厳しいものなのである。

「ずらす」という戦略

一つのニッチに一つの生物が収まっている。

しかし、野球のポジション争いが激しいように、獲得したニッチもまた安泰ではない。自分のニッチと重複するライバルが出現すれば、激しい競争が起こる。しかも、その競争は、生き残るか絶滅するかという厳しいものである。すべてを賭けてニッチを争うということはリスクが大きい。

野球のポジションと違って、自然界には無数のニッチがある。ニッチに固執して激しい戦いを繰り広げるよりも、自分のニッチの周辺に新たなニッチを見つけることはできないだろうか。ニッチの被った生物種は、現在のニッチの周辺に新たなニッチを求める。

これは、ニッチシフトと言われている。つまり、ニッチをずらすのである。たとえば同じ場所で暮らしていてもエサが異なれば共存することができる。あるいは、エサが同じでも場所が違えば共存できる。エサや場所が共通していても、暮らす時期や時間が異なれば共存できる。争って奪い合うよりも、「ずらす」ことによって、自らもニッチを求めた方がリスクも小さい。これが「ずらす」という戦略である。

キャラの被った芸能人が、お互いの違いを探して、新たな個性を見出すように、生物もまた、ニッチをずらしながら、自分だけのニッチを確保している。
こうして、多くの生物種が共存する自然界が作られているのである。

大空というニッチ　二億年前

大空への挑戦

生物の生息地をニッチという。生物種が生存するためには、ニッチを確保することが重要である。さまざまな生物が海という環境のニッチを埋め尽くし、やがては陸上に進出してニッチを占めていった。

水中と陸上のニッチを埋め尽くした生物にとって、新たなニッチはないだろうか。

「空」はどうだろう。

私たちの頭の上には広大な空間が広がっている。もちろん、生物たちは空という広大なニッチに挑んでいった。

人は、空を飛ぶ生物たちを見上げながら、空を飛びたいと憧れた。そして、挑戦者たちは大空に挑んでいっては、失敗を繰り返した。しかし人間が飛行機を発明し、空を飛ぶことができるようになったのは、二十世紀になってからのことである。

生物たちは、どのようにして、空を飛んだのだろう。

大空の覇者たち

地球の歴史上、最初に空を飛んだ生物は昆虫である。およそ三億年前のことである。両生類がやっと陸上に進出しようかという頃、すでに昆虫たちは、今とあまり変わらない姿で空を飛んでいたのである。

昆虫の進化は謎に満ちている。

いったい、どのようにして昆虫たちは空を飛ぶ翅《はね》を手に入れたのだろうか。残念ながら昆虫の翅の由来は、現在でもわかっていない。

大空を支配していたのは、メガネウラという翅を広げると七〇センチメートルを超える巨大なトンボのような姿をした昆虫である。

現在では、昆虫といえば、どれも小型でメガネウラのような巨大なものを見ることはできない。古生代に巨大な昆虫が活躍できた背景には、酸素濃度が関係していると言われている。

当時は、陸上に進出したシダ植物が光合成を行い、盛んに酸素を放出していた。そのため、現在の酸素濃度が二一パーセントであるのに対して、当時は三五パーセントと高かったのである。昆虫などの節足動物の呼吸は、気門から取り入れた酸素をそのまま体内に拡散させるという単純な仕組みである。そのため、酸素濃度が高くないと、体の隅々にまで酸素を行き渡らせることができないのである。

しかし、やがて酸素濃度が低下する。

この原因はわからない。火山の噴火による植物の減少や、火災による植物の焼失が挙げられている。また、気候変動により雨が多く降るようになると、植物を分解する菌類が発達したことも要因の一つと考えられている。

メガネウラなどの、巨大昆虫が活躍をしたのは古生代の石炭紀と呼ばれる時代である。石炭紀は、植物が枯れてもそれを分解する菌類があまり活発ではなかった。そのため、植物は旺盛に生育して枯れても、分解されることなく、そのまま捨て置かれたのである。こうして樹木が化石化したものが、「石炭」である。石炭紀は、この石炭が作られた時代であることから、そう呼ばれているのだ。しかし、菌類が活発に働くようになると、植物を分解するときに酸素を消費する。そのため、酸素濃度が低下していったと考えられるのである。

低酸素時代の覇者

酸素濃度が低下すると、昆虫たちは呼吸ができるサイズに小型化していった。体が小さければ、酸素濃度が低くても、体内に十分に酸素を行き渡らせることができるのである。

小型化したとは言っても、空を飛ぶ生物は昆虫だけであった。

この石炭紀に繁栄をしていたのは、私たち哺乳類の祖先にあたる哺乳類型爬虫類と呼ばれるものであった。しかし、哺乳類型爬虫類もまた、低酸素の中で衰退し、わずかに小型のものだけが生き残るようになる。

その一方で、訪れた低酸素時代に適応して繁栄した生き物がいる。

それが恐竜である。

哺乳類型爬虫類（ディメトロドン）

低い酸素濃度の条件下で恐竜は「気のう」という器官を発達させた。気のうは、肺の前後についていて、空気を送るポンプのような役割をしている。

私たち人間は呼吸をするときに、息を吸って肺の中に空気を入れる。そして、肺で酸素を取り込み、息を吐いて二酸化炭素を出すのである。つまり、空気は肺まで行って帰ってくるのである。電車の単線のように、吸う息と吐く息は順番交代に肺を行ったり来たりするのである。

これに対して、気のうは違う。空気は肺に入る前に気のうに入り、気のうから肺へと送り出される。そして、肺から別の気のうを通って排出されるのである。つまり、一方通行である。そのため、息を吸うときにも肺の中に気のうから新鮮な空気が送り込まれて、息を吐くときにも、気のうから空気が送り込まれることになる。極めて効率の良い呼吸システムなのだ。

この気のうを発達させることによって恐竜は、低酸素という環境に適応して、繁栄を遂げたのである。

やがて恐竜の中から、プテラノドンのような翼を持つ翼竜が出現した。しかし、彼らは器用に飛ぶことはできず、主に滑空するくらいしかできない。そのため、障害物がある場所や、森の中のように器用に飛ばなければならない場所は、翼竜のいないニッチだった。

そんなニッチの中、恐竜の中から翼を進化させて器用に飛ぶものが登場する。それが、鳥である。鳥類は恐竜から進化した、というのは今や定説である。

鳥は、ティラノサウルスに代表されるような肉食恐竜として進化した獣脚類が祖先であるとされているのである。

翼竜の制空権

鳥たちが出現しても、広大な空を支配していたのは翼竜であった。

制空権を巡って、翼竜たちは競い合う。翼竜は大型化し、競争に敗れた翼竜は絶滅していった。こうして、生き残り競争を繰り広げる中で、翼竜は種類を減らしていったのである。

一方、翼竜に制空権を奪われた鳥は、力で力を支配するような競争には参加せずに、翼竜とニッチを分けるように小型化していった。そして、その結果として鳥は種類を増やしていったのである。

そして、翼竜を含む恐竜たちが絶滅した今、空を支配しているのは鳥たちである。

いや、恐竜は絶滅したのではなく、鳥となって今も生き残っているという言い方をされることもある。

いずれにしても、今や大空は鳥たちのものだ。中には、一万メートルを超える高さを飛ぶものもいるという。これは、もうジェット機と変わらない高度である。

鳥がこんなにも高い空まで飛ぶことができるのには理由がある。

それが、鳥が持つ気のうである。気のうのおかげで、鳥たちは空気が薄い上空を飛ぶことができるのだ。この気のうこそが、低酸素時代に恐竜が手に入れたものである。

鳥たちは、恐竜が手に入れた気のうを上手に応用して、空を手に入れた。そして、地球のあらゆるところへと分布を広げていったのである。

空を支配するもの

恐竜が滅び、翼竜たちもいなくなると、広大な空というニッチが開け放たれた。鳥たちは、そのニッチを埋めるように進化を遂げていったが、それでも、広大な空には、埋められていないニッチがある。

そこで、空への進出を企《くわだ》てた哺乳類がいる。

コウモリである。

コウモリの進化も謎に満ちている。

空へと進出したコウモリだが、制空権争いは、鳥たちの方が勝っている。そこで、コウモリは鳥のいない空を選択した。それが、夜の空だったのである。鳥たちが寝静まる頃になると、コウモリたちは飛び始める。コウモリは今や九八〇種が知られている。驚くことに、この数は、地球上の全哺乳類の四分の一を占める数である。日本でも、日本に生息する哺乳類のうち、三分の一の三五種がコウモリである。

私たちの目につきにくいコウモリではあるが、じつは、もっとも繁栄している哺乳類なのである。

それにしても、空を飛ぶ生物の進化は謎が多い。

昆虫も、鳥も、コウモリも、いずれの生物も、じつはどのように進化して翼を手に入れていったのかはわかっていないのだ。飛ぶまでにはさまざまな試行錯誤があったと考えられるが、その途中段階の生物の化石が見つからないのである。

昆虫も、鳥も、コウモリも、進化の過程で生物として出現したときには、すでに空を飛んでいた。もしかすると、人間が考えているよりも、空を飛ぶということは難しい進化ではないのかも知れない。

むしろ、地面ばかり見ているのではなく、空というニッチが空いていることに気が付けるかということが大事なのだろう。

サルのはじまり

二千六百万年前

被子植物の森が作った新たなニッチ

恐竜時代、広大な森を作っていたのは裸子植物であった。

裸子植物は、風で花粉を運ぶ風媒花であるので、森の中を風が通る必要がある。そのため裸子植物は枝を広げることもなく、幹をまっすぐ伸ばして、木々の間を風が吹き抜けてゆくような森を作っていた。

ところが、その後出現した被子植物は、昆虫に花粉を運んでもらう虫媒花である。そのため、風通しのことはお構いなく、光を求めて枝葉を茂らせていった。そして、生い茂った森を作っていったのである。

こうして、木と木の間に枝が重なり、葉が生い茂るような深い森が作られたのである。木々の上で葉が生い茂るような場所を「樹冠」という。

哺乳類の中には、この樹冠というニッチを棲みかとしたものが現れる。それが、私たちの祖先のサルの仲間である。

サルが獲得した特徴

木の上に棲むことを選択したサルの仲間には、地上に棲む哺乳類とは異なる特徴がある。

一つは目の位置である。一般に地上に棲む動物は、草食動物は顔の横に目があり、ライオンやトラのような肉食動物は顔の正面に目がある。草食動物は敵を見つけるために、たとえ片目でしか見えなくても、広い視野を必要とするのに対して、肉食動物は獲物との距離感を測るために、両目で見据える必要があるからである。

サルの仲間は、枝から枝へと飛び移るために、正確な距離を必要とする。そのため、肉食動物と同じように目が正面を向いているのである。

もう一つは、手の変化である。サルの仲間は、親指が他の指と違う方向に伸びることで、枝を握ることができるようになった。さらに、多くの動物はかぎ爪を引っかけて木に登るが、木の上の方で生活をするサルは、枝をつかむときに邪魔になる爪を平爪に変化させてしまった。そして、指先の感覚で枝をつかむようになったのである。

果実をエサにしたサル

サルの仲間は、樹冠に棲む昆虫をエサにするものが多いが、あるものは、木の上に豊富にある果実をエサとするようになった。一六二頁で紹介したように、植物の果実が赤くなるのは、それは熟した実であるというサインを表すためであった。しかし、これは植物が鳥と交わしたサインである。じつは、鳥は赤い色を見ることができるが、哺乳類は、赤い色を識別することができないのである。

恐竜が闊歩していた時代、哺乳動物の祖先は恐竜の目を逃れて夜行性の生活を送っていた。夜の闇の中で、もっとも見えにくい色は赤色である。そのため、夜行性の哺乳動物は、赤色を識別する能力を失ってしまったのである。

ところが、哺乳動物の中で、唯一、赤色を見ることができる動物がいる。

それがサルの仲間である。サルの仲間の一部は、赤色を見ることができる。私たち人類の祖先は、哺乳類が一旦は失ってしまった赤色を識別する能力を取り戻したのだ。

果実をエサにするために、熟した果実の色を認識することができるようになったのか、あるいは、赤色が見ることができるようになったから、果実をエサにするようになったのかは明確ではないが、こうして私たちの祖先は、鳥と同じように熟した赤い果実を認識して、果実をエサにするようになったのである。

逆境で進化した草

六百万年前

恐竜絶滅後に出現した環境

恐竜が滅んで新生代となってから、しばらくすると地球は寒冷化していった。三千四百万年ほど前のことである。寒くなれば、上昇気流も少なくなり、雨も降らなくなる。そのため、内陸部では乾燥化が進んでいった。

こうした乾燥地帯では、森は失われ、草原が広がるようになった。植物にとっても、草原は過酷な環境である。何しろ、草食動物の脅威にさらされる場所が、草原なのだ。

深い森であれば、草や木が複雑に生い茂り、すべての植物が食べ尽くされるということはないだろう。しかし、見晴らしの良い草原では、植物は隠れる場所がない。さらに、生えている植物の量も限られている。草食動物たちは、少ない植物を競い合うように食べあさるのである。

この草原という環境で、植物はいったいどのようにして身を守れば良いのだろうか。

どうして有毒植物は少ないのか？

身を守る手段として有効なのは、有毒な物質を生産するということである。実際に有毒な植物は数多く存在する。しかし、有毒植物と呼ばれる植物は限られている。

どうして、すべての植物が有毒植物とならないのだろう。

植物は、病原菌や害虫から身を守るための物質も持っている。これらの物質の多くは、炭水化物から作られる。炭水化物は植物が光合成をすれば作り出すことができるので、生長しながら光合成をして稼いでいけば、いくらでも作り出すことができる。

一方、動物に対する対抗手段として効果的な毒成分は、アルカロイドである。

このアルカロイドは窒素化合物を原料とする。窒素は、植物が根から吸収するものであり、限りある資源である。窒素は、植物の体を構成するタンパク質の原料であり、生長に不可欠なものである。そのため、植物がアルカロイドなどの毒成分を生産しようとすれば、生長する分の窒素を削減しなければならないのだ。

植物にとって、動物に食べられないことは大切なことだが、それだけにエネルギーを注ぐわけにはいかない。生長をするということは、植物にとってもっとも大切なことなのだ。

植物は種類もたくさんあるから、エサとなる植物が生い茂っているような場所では、動物に食べられることは、そんなに頻繁にあるわけではない。苦労して少しばかりの葉を守るよりも、他の植物に負けないように生い茂り、枝や葉をそれだけ増やした方が良いのである。

草原の植物の進化

しかし、である。

乾燥した草原は水も少なく、土地もやせている。

毒を作るのに十分な栄養もなければ、草食動物が食べるのが追いつかないほど伸びることも難しい。しかも、エサになる植物は少ないのだから、草食動物はこぞって食べにやってくる。草食動物の食害から逃れることはできないのだ。

この過酷な環境で際立った進化を遂げたのがイネ科の植物である。

イネ科植物は、どのようにしてこの状況を乗り切ったのだろうか。

まず、イネ科植物は、食べにくくて、固い葉を発達させた。

イネ科植物は、葉を食べにくくするために、ケイ素で葉を固くしているのである。ケイ素はガラスの原料にもなるような硬い物質だ。また、野原でススキの葉で指を切ってしまった経験を持つ方もおられることだろう。ススキの葉のまわりは、のこぎりの刃のようにガラス質が並んでいる。これは何とも食べにくい。

食べにくくするのであれば、トゲで身を守っても良さそうだが、トゲを作ることは、余分に葉を作ることと同じだから、コストが掛かる。一方、ケイ素は土の中に豊富にあるので、いくらでも利用することができるのだ。

それだけではない。さらに、イネ科植物は葉の繊維質が多く消化しにくくなっている。

こうしてイネ科植物は、葉を食べられないようにして身を守っているのである。イネ科の植物がガラス質を体内に蓄えるようになったのは、六百万年ほど前のことであると考えられている。

これは、動物にとっては、劇的な大事件であった。驚くことにイネ科植物の出現によって、エサを食べることのできなくなった草食動物の多くが絶滅したと考えられているのだ。

身を低くして身を守る

しかし、エサを食べなければ草食動物たちも死に絶えてしまうから、食べにくいというだけでは、動物たちも食べることを諦めてはくれない。

そこでイネ科植物は、他の植物とは大きく異なる特徴をいくつも発達させている。

もっとも特徴的なことが、成長点が地際《じぎわ》にあるということである。

一般的に植物は、茎の先端に成長点がある。そして、新しい細胞を積み上げながら、上へ上へと伸びていくのである。しかし、これでは茎の先端を食べられると大切な成長点が食べられてしまうことになる。

そこで、イネ科の植物は成長点をできるだけ低くすることにした。もちろん、イネ科植物も茎の先端に成長点がある。しかし、茎を伸ばさずに株もとに成長点を保ちながら、そこから葉を上へ上へと押し上げて伸ばす生長方法を選んだのである。

これならば、いくら食べられても、葉っぱの先端を食べられるだけで、成長点が傷つくことはない。これは植物の生長方法としては、まったく逆転の発想である。

しかし、この生長方法には重大な問題がある。

上へ上へと積み上げていく方法であれば、細胞分裂をしながら自由に枝を増やして葉を茂らせることができる。しかし、作り上げた葉を下から上へと押し上げていく方法では、後から葉の数を増やすことができないのだ。

そこで、イネ科植物は成長点の数を次々に増やしていくことを考えた。これが「分《ぶん》げつ」と呼ばれるものである。イネ科植物は、茎の高さは、ほとんど高くならないが、少しずつ茎を伸ばしながら、地面の際に枝を増やしていく。そして、その枝がまた新しい枝を伸ばすというように、地面の際にある成長点を次々に増殖させながら、押し上げる葉の数を増やしていくのである。そのため、イネ科植物は地面の際から葉がたくさん出たような株を作るのである。

それだけではない。すでに紹介したように、イネ科植物の葉は固くて食べにくいが、さらに動物のエサとなりにくいように、葉の栄養分を少なくしているのである。

イネ科植物は、光合成で作り出した栄養分を、葉の根元にある葉鞘《ようしょう》と呼ばれる部分や、茎に避難させて蓄積する。そして、地面の上の葉はタンパク質を最小限にして、栄養価を少なくし、エサとして魅力のないものにしているのである。

こうしてイネ科植物は葉が固く、栄養も少なく消化も悪いという、動物のエサとして適さないように進化をしたのである。

草食動物の反撃

イネ科植物はエサとして適していない。しかし、動物も固くて栄養のないイネ科植物を食べなければ、厳しい草原の環境で生き残ることはできない。

そこで、イネ科植物の防御策に対応して進化を遂げたのが、ウシやウマなどの草食動物である。

たとえば、ウシは胃が四つあることが知られている。この四つの胃で繊維質が多く、固くて栄養価の少ない葉を消化していくのである。

四つの胃のうち、人間の胃と同じような働きをしているのは、四つ目の胃だけである。

一番目の胃は、容積が大きく、食べた草を貯蔵できるようになっている。そして、微生物が働いて、草を分解し、栄養分を作り出す発酵槽にもなっているのである。

まるでダイズを発酵させて栄養価のある味噌や納豆を作ったり、米を発酵させて日本酒を作り出すように、ウシは自らの胃の中で発酵食品を作り出して栄養価を高めているのである。

二番目の胃は食べ物を食道に押し返し、反芻《はんすう》をするための胃である。

反芻とは胃の中の消化物を、もう一度、口の中に戻して咀嚼《そしゃく》することである。ウシは、エサを食べた後、寝そべって口をもぐもぐとさせている。こうして食べ物を何度も胃と口の間で行き来させながら、イネ科植物を消化していくのである。三つ目の胃は、食べ物の量を調整していると考えられており、二番目の胃に食べ物を戻したり、四番目の胃に食べ物を送ったりする。そして、四番目の胃でやっと胃液を出して、食べ物を消化するのである。つまり、本来の胃である四番目の胃に送られる前に、イネ科植物を前処理して葉をやわらかくし、さらに微生物発酵を活用して栄養のある食べ物を作り出しているのである。

草食動物が巨大な理由

ウシだけでなく、ヤギやヒツジ、シカ、キリンなども同じように植物を消化する反芻動物である。

ウマは、胃を一つしか持たないが、発達した盲腸の中で、微生物が植物の繊維分を分解するようになっている。こうして、自ら栄養分を作り出しているのである。また、ウサギもウマと同じように、盲腸を発達させている。

このようにして、草食動物は、さまざまな工夫をしながら、固くて栄養価のないイネ科植物を消化吸収し、栄養を得ているのである。

それにしても、栄養のほとんどないイネ科植物だけを食べているにしては、ウシやウマは体が大きい。どうして、ウシやウマはあんなに大きいのだろうか。

草食動物の中でも、ウシやウマなどは主にイネ科植物をエサにしている。イネ科植物を消化するためには、四つの胃や長く発達した盲腸のような特別な内臓を持たなくてはならない。さらに、栄養の少ないイネ科植物から栄養を得るためには、大量のイネ科植物を食べなければならない。

この発達した内臓を持つためには、容積の大きな体が必要になるのである。

ホモ・サピエンスは弱かった　四百万年前

森を追い出されたサル

人類の起源はアフリカ大陸にあると言われている。

どのようにして、人類が生まれたのかは、未《いま》だ謎に包まれている。しかし、一説にはアフリカ大陸で起こった巨大な地殻変動が関係していると考えられている。マントル対流によってアフリカ大陸は大きく突き上げられて隆起した。こうしてできたのが、大地溝帯である。

大地溝帯は、アフリカ大陸を東西に分断してしまった。そして、大地溝帯の西側はそれまでどおりの森林が残ったのに対して、東側では雨が降らなくなり、森林は乾燥した草原へと姿を変えていったのである。

大地溝帯の西側では、サルたちは昔ながらの豊かな森で暮らすことができた。しかし、森林が次第に減少していった東側のサルは大変である。森で守られていたサルたちにとって草原は、棲む場所も食べるものもなく、肉食獣から逃げる木々さえもない危険な場所である。草原で、サルはか弱い存在である。そんなサルたちが、どのようにしてこんな過酷な環境を生き抜いたのだろう。すべては謎である。

しかし、サルたちは滅びることなく、命をつなぎ、やがてヒトへと進化を遂げていくのである。

サルからヒトが生まれたのは、七百万年前～五百万年前のことだと考えられている。

厳しい環境を生き抜いたヒトは、二足歩行や道具を使うことなど、それまでの動物とは異なる能力を発達させていった。

そして、「知能」という諸刃の剣を手に入れるのである。

人類のライバル

私たち人間は、生物学上の名前は、ホモ・サピエンスである。

ホモ属の生物が地球に出現したのは、四百万年前のことと考えられている。それ以来、さまざまなホモ属の人種が生まれては滅んでいったと考えられている。私たちホモ・サピエンスが登場するのは、ホモ属が登場してから、ずっと後の二十万年前のことである。

同じ時代には、ホモ・サピエンスのライバルとなるホモ・ネアンデルターレンシスがいた。いわゆるネアンデルタール人である。

人類の祖先はアフリカで生まれたとされている。ネアンデルタール人は、およそ四十万年前にアフリカ大陸を出た人類の子孫である。それに対して、アフリカに留まった人類が、やがてホモ・サピエンスとして進化をしていく。

早い時期に寒冷な地方に進出していたネアンデルタール人は、大きくてがっしりとした体を進化の中で獲得していた。

熱帯に棲むマレーグマに比べて、寒冷地にいるヒグマは巨大で、北極に棲むホッキョクグマはもっと巨大になる。寒い地域では大きい体の方が体温を保つために有利なのである。

このように寒冷な地域で生物が大型化する現象は「ベルクマンの法則」と呼ばれ

ている。

寒い地域で発達を遂げたネアンデルタール人も、強靭《きょうじん》な力を持つ大型の人類であった。

これに対して、アフリカで生まれたホモ・サピエンスは体も小さく力も弱かった。

このホモ・サピエンスがやがて、アフリカの外へと進出していく。そして、ネアンデルタール人と出会うのである。

滅んだネアンデルタール人

ネアンデルタール人とホモ・サピエンスを比較すると、ネアンデルタール人の方が優れていたと言わざるを得ない。

ネアンデルタール人は強靭な肉体と強い力を持っていた。しかも、脳容量もネアンデルタール人の方が、ホモ・サピエンスよりも大きかったと言われている。ネアンデルタール人はホモ・サピエンスに勝る体力と知性を持っていたのである。

しかし現在、ネアンデルタール人は滅び、今、世界で繁栄を遂げているのはホモ・サピエンスたる私たちである。

ネアンデルタール人とホモ・サピエンスの運命を分けたものは何だったのだろう。

ホモ・サピエンスの脳は小さいが、コミュニケーションを図るための小脳が発達していたことがわかっている。

弱い者は群れを作る。

力の弱いホモ・サピエンスは集団を作って暮らしていた。そして、力のないホモ・サピエンスは自らの力を補うように道具を発達させていったのである。

ネアンデルタール人も道具を使っていたが、生きる力に優れた彼らは集団を作ることはなかったと考えられている。そのため、暮らしの中で新たな道具が発明されたり、新たな工夫がなされても、他の人々に伝えることはなかった。

一方、集団で暮らすホモ・サピエンスは新たなアイデアを持てば、すぐに他の人々と共有することができた。時には別の誰かがそのアイデアをさらに優れたアイデアに高めることがあったかも知れない。こうして、集団を作ることによって、ホモ・サピエンスはさまざまな道具や工夫を発達させていった。

そして、結果として能力の劣ったホモ・サピエンスがこの地球に残ったのである。

進化が導き出した答え

オンリー1か、ナンバー1か

ヒット曲『世界に一つだけの花』では「ナンバー1にならなくても、もともと特別なオンリー1なのだからそれでいい」という内容の歌詞がある。

この有名なフレーズに対しては、二つの意見がある。

一つは、この歌詞のとおり、オンリー1が大切という意見である。競争に勝つことがすべてではない。ナンバー1でなければいけないということはない。私たち一人一人は特別な個性ある存在なのだから、オンリー1で良いのではないか、という意見である。

これに対して反対意見もある。世の中は競争社会である。オンリー1で良いなどという甘いことを言っていたのでは生き残れない。やはりナンバー1を目指すべきだ、という意見である。

オンリー1で良いのか、それともナンバー1を目指すべきか。

あなたは、どちらの考えに賛同されるだろうか？

生命の三十八億年の歴史は、この歌詞に対して明確な答えを持っている。

すべての生物がナンバー1である

ナンバー1しか生きられない。これが自然界の鉄則である。

一七八頁では、ゾウリムシを使った実験を紹介した。

一つの水槽に入れた二種類のゾウリムシは、どちらかが滅びるまで、競い合い、争い合う。そして、勝者が生き残り、敗者は滅びゆくのである。

ナンバー1しか生き残れない。これが自然界の厳しい掟である。

人間の世界であれば、ナンバー2は銀メダルを授かって、称《たた》えられる。しかし、自然界にはナンバー2は存在しない。ナンバー2は滅びゆく敗者でしかないのである。

しかし、不思議なことがある。

ナンバー1しか生き残れないとすれば、地球にはただ一種の生き物しか存在しないことになる。しかし、自然界を見渡せば、さまざまな生き物たちが暮らしている。

ナンバー1しか生きられない自然界で、どのようにして多くの生物が共存しているのだろうか？

ゾウリムシの別の実験では、二種類のゾウリムシが共存する結果となった。それは、一種類のゾウリムシが水槽の上の方で暮らしながら大腸菌をエサにしているのに対して、もう一種類のゾウリムシは、水槽の底の方にいて、酵母菌をエサにしていたのだ。つまり、一つは水槽の上のナンバー1であり、もう一つは水槽の下のナンバー1だったのである。

このように、ナンバー1を分け合うことができれば、共存を果たすことができるのである。

このナンバー1になれる場所をニッチと言った。ニッチはその生物だけの場所である。つまり、オンリー1の場所だ。

このようにすべての生物は、オンリー1であり、ナンバー1でもあるのである。

地球のどこかにニッチを見出すことができた生物は生き残り、ニッチを見つけることができなかった生物は滅んでいった。自然界はニッチをめぐる争いなのである。

ニッチは小さい方が良い

それでは、どのようにすれば、ニッチを見出すことができるだろうか。

ナンバー1になるには、どうしたら良いのだろうか。

たとえば、野球でナンバー1になることを考えてみよう。世界でナンバー1になるのは並大抵ではない。それでは、日本に限定してみよう。高校野球で日本一になることは、世界一よりは易しいかも知れないが、それでも実現できるのは一握りの選手だけである。それならば、都道府県でナンバー1はどうだろう。それが無理ならば市区町村でナンバー1、それも無理なら、学区でナンバー1でもいい。

このように範囲を小さくすれば、ナンバー1になりやすい。つまり、ニッチは小さい方が良いのだ。ナンバー1であり続けなければ生き残ることができないのだから、どんなに強豪チームであったとしても、世界一であり続けるよりも、学区でナンバー1を維持し続けることを選ぶだろう。

しかも、野球でナンバー1になる方法は、いくらでもある。

野球の試合で勝負するのではなく、片方のチームが打力でナンバー1であり、相手のチームが守備でナンバー1であれば、どちらも勝者となる。ベースランニングがナンバー1であってもいいし、キャッチボールの正確さがナンバー1であってもいい。ベンチの声の大きさがナンバー1かも知れないし、プロ野球の選手の名前を誰よりも覚えているというナンバー1もいるかも知れない。このように、条件を小さく細かく区切っていけば、ナンバー1になるチャンスが生まれてくるのである。

マーケティングなどではニッチ市場というと、すき間にある小さなマーケットを意味する。生物の世界では、ニッチにはすき間という意味はない。ニッチは大きくても良いのだ。しかし、大きいニッチを維持することは難しいから、すべての生物が小さなニッチを守っている。こうしてニッチを細分化して、分け合っているのである。

ナンバー1になる方法はたくさんある。だからこそ、地球上にはこれだけ多くの生物が存在しているのである。

「争う」より「ずらす」

ニッチを確保したとしても、永遠にナンバー1であり続けられるわけではない。すべての生物が生息範囲を広げようとしているから、ニッチが重なるときもある。あるいは、新たな生物がニッチを侵してくるかも知れない。

一つのニッチには、一つの生き物しか生存することができない。そこでは、さぞかし激しい競争や争いが繰り広げられることだろうと思うが、必ずしもそうではない。

生物の世界では負けるということは、この世の中から消滅することを意味する。「当たって砕けろ」とか、「逃げずに戦え」とか、「絶対に負けられない戦いがある」などと、人間が威勢の良いことを言えるのは、人間が負けても大丈夫な環境にいるからだ。

生物は、負けたら終わりだ。絶対に負けられない戦いがあるとすれば、できれば「戦いたくない」というのが本音だ。

しかも、勝者は生き残るといっても、戦いが激しければ勝者にもダメージはある。あるいは、戦いにばかりエネルギーを費やしていると、環境の変化などの降りかかる逆境を克服するエネルギーまで奪われてしまう。

そのため、できる限り「戦わない」というのが、生物の戦略の一つになる。

とはいえ、大切なニッチを譲り渡して逃げてばかりもいられない。どこかで、ナンバー1でなければ、生き残ることはできないのだ。

そこで生物は、自分のニッチを軸足にして、近い環境や条件でナンバー1になる場所を探していく。つまり、「ずらす」のである。この「ずらす戦略」はニッチシフトと呼ばれている。

ずらし方は、さまざまである。

ゾウリムシの例のように、水槽の上の方と、水槽の底の方というように、場所をずらすという方法もある。もちろん、同じ場所にさまざまな生物が共存して棲むこともある。アフリカのサバンナではシマウマは草原の草を食べて、キリンは高い木の葉を食べている。このように同じ場所でもエサをずらすという方法もある。あるいは、昼に活動するものと夜に活動するものというように、時間をずらすという方法もある。植物や昆虫であれば、季節をずらすという方法もあるだろう。

このように条件のいずれかをずらすことで、すべての生物はナンバー1になれるオンリー1の場所を見出しているのである。

そして、ニッチをずらし分け合いながら生物は進化を遂げてきたのだ。

もちろん、このニッチという考え方は、生物種単位での生き残りの話であって、個体それぞれの戦略ではない。しかし、私たち人間社会の生存戦略にとっても示唆《しさ》に富む話ではないだろうか。

多様性が大切

こうして、自然界は多種多様な生物たちで埋め尽くされている。

しかし、不思議である。

すべての生物は、共通の祖先となる単細胞生物から進化した。そうだとすれば、その一種がそのまま進化を遂げて、地球上を一種の生物が占有していても良さそうなものである。

共通の祖先を持つにもかかわらず、子孫となった生物は互いに競い合い、あろうことか食べたり食べられたりしている。兄弟姉妹が骨肉の争いを繰り広げているようなものだ。

地球にはさまざまな環境がある。また、環境は常に変化していく。

この地球でどのように生きていけば良いのか？　その答えは一つではない。そして、何が正解なのかもわからない。

そうだとすれば、多くのオプションを用意しておいた方が良い。

だから、多様なオプションを試すように、生物は共通の祖先から、分かれ続けてきたのだ。

地球を見渡せば動物も植物もいるし、小さな単細胞生物のままのものさえいる。

私たち哺乳類の世界だけ見ても、ゾウのように大型のものから、小さなネズミまでいる。コウモリのように空を飛ぶものもいれば、クジラやイルカのように海を棲みかとするものもいる。

地球には一七五万種の生物がいると言われている。

生物は進化の過程で、常に分岐を繰り返し、多様になっていったのである。

それだけではない。

私たち人類は七〇億人以上もいるが、似ている人はいても、同じ顔の人はいない。同じ性格、同じ能力の人もいない。同じ遺伝子型は存在しないのだ。もっとも、一つの卵から生まれた一卵性双生児は、同じ遺伝子型を持つ。しかし、人は環境によって性格や能力が変化するように作られている。そのため、双子であっても、まったく同じ人格とはならない。すべての人は、オンリー1の存在なのだ。

生物の世界も同じである。同じ種の中でも、多種多様なタイプが存在する。たとえ、ミミズであっても、芋虫であっても、一つ一つが唯一無二の遺伝子型を持つオンリー1の存在である。

生物は「違うこと」に価値を見出しているのである。もしかすると、それは人間の世界で「個性」と呼ばれるものかも知れない。

人間が作り出した世界

進化の果てに作り出された人間の脳というのは、すばらしい。何しろ見たこともない三十八億年も前の昔にまで思いを馳せることができる想像力を持っているのである。

ところが、意外なことに人間の脳は、自分たちが暮らす自然界をしっかりと把握することができない。

進化が作り出した生物の世界は、多様性に満ちている。あらゆるものが個性を持ちながら、つながりを持っている複雑な世界である。人間の脳は、この複雑さが区別できないのだ。

いや、できないというよりも、自然界を生き抜くためには、複雑な世界をまるごと理解するよりも、自分に必要な情報のみを切り出して、単純化する能力を発達させてきたということなのだろう。

自然界には、境界はない。すべてがつながっている。

たとえば、富士山はどこまでが富士山だろう。富士山は静岡県と山梨県にあるものとみんな思っている。しかし、富士山は地続きにどこまでもつながっている。そこに境界はないのだ。それぱかりか、富士山は静岡県と山梨県の県境となっている。何の境目もない大地に、人間は国境を引き、県境を引き、区別をしているのである。

海と陸地の境目はどうだろう。潮の満ち引きによって波打ち際の場所は決まる。地図上では、潮位の平均値で海と陸とを区別するのかも知れないが、実際には常に波が押し寄せているから、海と陸との境目は常に変化している。

「分けて区別する」

これが人間の脳の得意技なのである。それでは、イヌとネコは違う生き物である。それでは、イヌとオオカミはどうだろう。

どこが違う？

イヌとオオカミは生物学的には同じものだとされている。しかし、オオカミと室内犬のマルチーズやダックスフンドは明らかに違う。それでは、マルチーズとオオカミはどこが違う？と聞かれて、答えることができるだろうか。マルチーズとオオカミは明らかに違うが、どこが違うかと聞かれれば説明は難しい。

大きさが違うと言うかも知れないが、子どものオオカミは小さい。それでは、どれくらい大きければオオカミなのか。色が違うと言うかも知れないが、白いオオカミもいる。

そう考えれば、イヌとネコを見間違える人はいないだろうが、イヌとネコの違いを説明することは難しい。

それでは、イルカとクジラはどこが違うだろうか。

イルカとクジラとでは大きさが違う。大きさが四メートル以上のものはクジラ。大きさが四メートル以下のものはイルカと定義づけられている。それは、生物学的な違いではなく、人間が決めたルールで区別しているだけだ。

進化論を提唱したかのダーウィンは、こんな言葉を残している。

ホモ・エレクトス

「もともと分けられないものを分けようとするからダメなのだ」

自然界に区別はない。

両生類は魚類から進化したと言われる。それでは、その境目はどこだろう。ある日、突然、魚類から両生類が生まれたのだろうか。

私たちホモ・サピエンスの由来は明らかではないが、現在では、直系の祖先はホモ・エレクトスであるとされている。仮にホモ・サピエンスの祖先がホモ・エレクトスだったとしよう。その場合、母親がホモ・エレクトスで、その子どもがホモ・サピエンスとして現れたのだろうか。そうではないだろう。だとすれば、ホモ・サピエンスはいつからホモ・サピエンスになったのだろう。

大きな変化は一度には起こらない。母親と子どもとは違う個性を持っているから、小さな違いがある。そんな小さな変化が蓄積されながら、やがて大きな変化となっていくのだ。そう考えながらたどっていけば、ダーウィンが指摘したように、人間もサルも明確な違いはない。それどころか、先祖をたどっていけば、私たち人間と植物も明確な区別はないことになる。それどころか、微生物と私たちとの区別もないことになる。

東京の都心と富士山の頂上とは、まったく別の場所だが、境目はない。同じように、共通の祖先から進化したすべての生物にも境目はないのである。

「ふつう」という幻想

人間の脳は、複雑につながるこの世の中を、ありのまま理解することはできない。

そのため、区別して単純化していくのである。そして、多様であることは、理解しにくいから、「できるだけ揃えたい」と脳は考える。

生物は多様であるから、本来、野菜はすべて形や大きさがバラバラである。しかし、それでは収穫作業も大変だし、箱詰めもできない。陳列するのもひと苦労だし、値段もそれぞれにはつけられない。そのため、人間は野菜という生物を、できるだけ揃えようとするのだ。

人間も、一人一人の顔が違うように、それぞれ個性ある存在である。

しかし、それでは理解が難しいので、同じ教科書で、同じ授業をする。そして、テストや成績をつけて順番に並べる。

こうして、整理することで、人間の脳ははじめて理解することができる。

多様であったり、複雑であったりしてほしくないのだ。

そんな人間が、好んで使う言葉に「ふつう」がある。

「ふつうの人」と言うが、それはどんな人なのだろう。

身長は何センチメートルの人だろう。幅を持たせるとすれば、何センチメートルから何センチメートルの間なのだろう。「ふつうの人」はどんな顔なのだろう。

生物の世界は、「違うこと」に価値を見出している。だからこそ、同じ顔の人が絶対に存在しないような多様な世界を作り出しているのである。一つ一つが、すべて違う存在なのだから、「ふつうなもの」も「平均的なもの」もありえない。

ふつうという言葉は、ふつうでないと判断するための言葉である。

もともとは、生物の世界にふつうなどというものは存在しない。ふつうとふつうでないものとの区別もないのだ。

もちろん、私たちは人間だから、多様なものを単純化して、平均化したり、順位をつけたりして理解するしかない。

しかし、それは私たち人間の脳のために便宜的に行っているだけで、本当は、もっと多様で豊かな世界が広がっているということを忘れてはいけないだろう。

あとがき　結局、敗者が生き残る

地球の歴史を振り返ると、色々なことがあった。うれしいときもあった。苦しいときもあった。しかし、生命はしぶとく生き延びてきた。そうだ、生き延びたものが勝ちなのだ。

世の中は弱肉強食である。しかし、地球の歴史はどうだっただろう。

地球に生命が生まれてから、最初に訪れた危機は、全海洋蒸発とスノーボール・アース（全球凍結）であった。これは、地球規模の大異変である。

地球に生命が生まれた頃、直径数百キロメートルという小惑星が地球に衝突した。そのエネルギーで、すべての海の水が蒸発し、地表は気温四〇〇〇度の灼熱と化した。そして、地球に繁栄していた生命は滅んでしまったのである。このような全海洋蒸発は、一度ではなく、何度か起こったかも知れないと考えられている。

このときに生命をつないだのが、地中奥深くに追いやられていた原始的な生命であったと考えられている。

こうして命をつないだ生命に訪れた次の危機が、地球の表面全体が凍結してしまうような大氷河期である。

この時期には、地球の気温がマイナス五〇度にまで下がった、全球凍結によって、地球上の生命の多くは滅びてしまった。しかし、このとき生命のリレーをつないだのが、深海や地中深くに追いやられていた生命だったのである。

こうして地球に異変が起こり、生命に絶滅の危機が訪れるたびに、命をつないだのは、繁栄していた生命ではなく、僻地《へきち》に追いやられていた生命だったのである。

そして、危機の後には、必ず好機が訪れる。

スノーボール・アースを乗り越えるたびに、それを乗り越えた生物は、繁栄を遂げ、進化を遂げた。真核生物が生まれたり、多細胞生物が生まれたりと、革新的な進化が起こったのは、スノーボール・アースの後である。

そして、古生代カンブリア紀にはカンブリア爆発と呼ばれる生物種の爆発的な増加が起こるのである。

カンブリア爆発によって、さまざまな生物が生まれると、そこには強い生き物や弱い生き物が現れた。

強い生き物は、弱い生き物をバリバリと食べていった。強い防御力を持つものは、硬い殻や鋭いトゲで身を守った。

その一方で、身を守る術もなく、逃げ回ることしかできなかった弱い生物がある。その弱い生き物は、体の中に脊索《せきさく》と呼ばれる筋を発達させて、天敵から逃れるために早く泳ぐ方法を身につけた。これが魚類の祖先となるのである。

やがて、脊索を発達させた魚類の中にも、強い種類が現れる。すると弱い魚たちは、汽水域に追いやられていった。そしてより弱いものは川へと追いやられ、さらに弱いものは、川の上流へと追いやられていく。こうしてやむにやまれず小さな川や水たまりに追いやられたものが、やがて両生類の祖先となるのである。

巨大な恐竜が闊歩していた時代、人類の祖先はネズミのような小さな哺乳類であった。私たちの祖先は、恐竜の目を逃れるために、夜になって恐竜が寝静まると、エサを探しに動き回る夜行性の生活をしていたのである。常に恐竜の捕食の脅威にさらされていた小さな哺乳類は、聴覚や嗅覚などの感覚器官と、それを司る脳を発達させて、敏速な運動能力を手に入れた。

大地の敵を逃れて、樹上に逃れた哺乳類は、やがてサルへと進化を遂げた。そして、豊かな森が乾燥化し、草原となっていく中で、森を奪われたサルは、天敵から身を守るために、二足歩行をするようになり、身を守るために道具や火を手にするようになった。

人類の中でネアンデルタール人に能力で劣ったホモ・サピエンスは、集団を作り、技術と知恵を共有した。

生物の歴史を振り返れば、生き延びてきたのは、弱きものたちであった。そして、常に新しい時代を作ってきたのは、時代の敗者であった。そして、敗者たちが逆境を乗り越え、雌伏の時を耐え抜いて、大逆転劇を演じ続けてきたのである。

まさに、「捲土重来《けんどちょうらい》」である。

逃げ回りながら、追いやられながら、私たちの祖先は生き延びた。そして、どんなに細くとも命をつないできた。私たちはそんなたくましい敗者たちの子孫なのである。

こうして今あなたはついにこの世に生を享《う》けて、地球上に出現した。

考えてみればこれは、とてつもなくすごいことである。

何しろ、あなたがこの世にいるということは、地球に生命が誕生してから、一瞬たりとも途切れることなくあなたに引き継がれたということだ。

生命の歴史の中で、何度も困難な災害が地球を襲った。何度となく過酷な環境に晒《さら》された。そして、多くの生命が滅んでいったのである。

わずかな生命しか生き残らなかった大事変も、何度も経験している。それなのに、あなたにつながる祖先は生き抜いた。生き残った。そして、命のリレーをつないだのである。

次から次へとバトンは受け渡されてきた。だから、あなたはここにいるのだ。これを奇跡と言わずして、何と言うだろう。

「個体発生は系統発生を繰り返す」と言われる。

母親のお腹の中に最初に現れたあなたは、どんな姿だっただろうか。魚類とも両生類ともつかないおたまじゃくしのような姿だっただろうか。そうではない。

母親のお腹の中に宿ったとき、あなたは単細胞生物だった。たった一個の卵細胞に、やってきた精子が入り込んで受精をする。

私たちの祖先が単細胞生物であったように、最初に生命を宿したとき、あなたもまた、一個の単細胞生物だったのである。

そして、あなたは細胞分裂を繰り返していく。一つだった細胞は二つになり、分裂して四つになり、八つになり、十六個になる。今、あなたの体は七〇兆個とも言われる細胞から作られているが、そのすべての細胞は、こうして分裂していったあなたの分身なのだ。

こうして、細胞分裂を繰り返し、あなたは多細胞生物になった。

やがて球状だったあなたの体には、へこみができていく。生物は筒状に進化し、内部構造を発達させた。まさにその過程を踏んでいるのである。

そして、あなたは、尻尾を持った魚のような形になる。やがて尻尾は退化していく。このとき、手の指は七本ある。これは、おそらく地上に上陸したばかりの頃の名残だ。やがて、二本の指は退化して、五本指となる。

人間の妊娠期間は十月十日《とつきとおか》。しかし、その間に長い長い生命三十八億年の歴史を繰り返して、あなたは生まれたのだ。あなたのDNAの中には、生命の歴史が刻まれている。

そして、私たちは生を手に入れると同時に、やがて来る死を背負うことになる。

死は、生命が進化の過程で手に入れたものだ。

振り返ってみよう。

単細胞生物は、細胞分裂を繰り返していくだけであった。彼らに死はない。

しかし、やがて、単細胞生物は仲間と遺伝子を交換しながら細胞分裂をするようになった。新たに生まれた細胞は、元の細胞と同じではない。元の細胞はこの世からなくなり、新たな細胞が再生される。まさにスクラップアンドビルドである。

こうして、再生し変化し続けることで、生命は永遠となる道を選んだのだ。

しかし、彼らは滅んでしまったわけではない。細胞分裂によって遺伝子は確実に受け継がれていく。元の細胞はなくなっても、確実に新たな細胞が遺伝子を引き継いでいく。そこには、死という終わりは見られない。

私たち人間も、基本は単細胞生物と変わらない。

たとえ私たちの体は滅びたとしても、たった一つの細胞が、私たちの遺伝子を確実に引き継ぐ。

それが、女性にとっては一個の卵細胞であり、男性にとっては一個の精細胞である。

母親の体の中で細胞分裂によって生まれた卵細胞と、父親の体の中で細胞分裂によって生まれた精細胞によって新たな一個の受精卵が生まれる。こうして、私たちの遺伝子は受け継がれていくのだ。これは単細胞生物たちが命をつないできたのと何ら変わらない。

私たちもこうして、祖先から細胞分裂して遺伝子を引き継いできた。

もう三十八億年も、私たちは生き続けてきたのだ。

私たちは永遠なのである。

ＰＨＰエディターズ・グループの田畑博文さんには、出版にあたりお世話になりました。お礼申し上げます。

稲垣栄洋

文庫版あとがき

三十八億年の生物の歴史の末に、私たち人類は、今、大繁栄を実現している。

私たちはもはや、敗者ではない。勝者となったのだ。

そして、ついに生命の進化の頂点に立ったのだ。

本当にそうだろうか。

もちろん、そうではない。

進化のドラマは今も続いている。そして、進化を遂げたのは人類だけではない。

私たちの短い歴史では、進化のドラマを目撃することはできない。私たちが見ている生き物は、すべて進化の結果にすぎないのだ。

しかし、トンボやカタツムリも、ネコもタンポポも、すべての生き物たちは、間違いなく三十八億年の進化の先端にいる。そして、今も進化をし続けているのだ。

「結局、敗者が生き残る」と単行本のあとがきに書いた。進化の歴史を見る限り、おそらくそれは真理であろう。

私たちの祖先は負け続けてきた。そして、それが進化の原動力となってきたのだ。

「驕《おご》れる者は久しからず」と古人は言った。

敗者は勝者となったときから、衰退が始まる。

弱者は強者となったときから、衰退が始まる。

おそらくは、それが真実なのだ。

ただ、一つだけ救いはある。

私たち人類は知能を発達させるという進化を遂げてきた。そして私たちの脳は、「驕れる者は久しからず」という真実を知るに至ったのである。

私たちは、自然を征服したかのような錯覚に陥ることがある。

他の生物に比べて優れた存在であるかのように錯覚することがある。

しかし結局、私たちは弱い生物である。そして、弱さゆえに助け合う存在である。

私たちは自らの「弱さ」を知る存在なのだ。

おそらく、その謙虚さを忘れなければ、人類の繁栄はもうしばらく続くことだろう。

稲垣栄洋

二〇二二年秋

参考文献

吉村仁著『強い者は生き残れない』新潮社　二〇〇九年
ハインツ・ホライス他著『眠れなくなる進化論の話』技術評論社　二〇一一年
池田清彦著『進化論の最前線』集英社インターナショナル　二〇一七年
夏緑著『ポケット図解 進化論と生物の謎がよ〜くわかる本』秀和システム　二〇〇八年
泰中啓一、吉村仁著『生き残る生物 絶滅する生物』日本実業出版社　二〇〇七年
夏緑著『これだけ！　生命の進化』秀和システム　二〇一五年
山田俊弘著『絵でわかる進化のしくみ』講談社　二〇一八年
宇佐見義之著『カンブリア爆発の謎』技術評論社　二〇〇八年
田近英一著『凍った地球』新潮社　二〇〇九年
川上紳一著『全地球凍結』集英社　二〇〇三年
田近英一監修『地球・生命の大進化』新星出版社　二〇一二年

ＮＨＫ「ポスト恐竜」プロジェクト編著『恐竜絶滅』ダイヤモンド社　二〇一〇年
更科功著『宇宙からいかにヒトは生まれたか』新潮社　二〇一六年
ＮＨＫ「地球大進化」プロジェクト編『ＮＨＫスペシャル　地球大進化　46億年・人類への旅1～4』ＮＨＫ出版　二〇〇四年
池田清彦著『38億年　生物進化の旅』新潮社　二〇一〇年

著者紹介
稲垣栄洋（いながき　ひでひろ）
1968年静岡県生まれ。静岡大学農学部教授。農学博士、植物学者。農林水産省、静岡県農林技術研究所等を経て、現職。主な著書に『散歩が楽しくなる 雑草手帳』（東京書籍）、『弱者の戦略』（新潮選書）、『植物はなぜ動かないのか』『はずれ者が進化をつくる』（以上、ちくまプリマー新書）、『生き物の死にざま』（草思社文庫）、『生き物が大人になるまで』（大和書房）、『38億年の生命史に学ぶ生存戦略』（ＰＨＰエディターズ・グループ）、『面白くて眠れなくなる植物学』『世界史を変えた植物』（以上、ＰＨＰ文庫）など多数。

本書は、2019年３月にＰＨＰエディターズ・グループより刊行された『敗者の生命史38億年』を改題し、加筆・修正したものである。

ＰＨＰ文庫　生物に学ぶ敗者の進化論

2022年12月16日　第１版第１刷

著　者　稲　垣　栄　洋
発行者　永　田　貴　之
発行所　株式会社ＰＨＰ研究所
東京本部　〒135-8137　江東区豊洲5-6-52
ビジネス・教養出版部　☎03-3520-9617（編集）
普及部　☎03-3520-9630（販売）
京都本部　〒601-8411　京都市南区西九条北ノ内町11

PHP INTERFACE　https://www.php.co.jp/

制作協力
組　版　株式会社PHPエディターズ・グループ

印刷所
製本所　図書印刷株式会社

ISBN978-4-569-90282-1

PHP文庫

面白くて眠れなくなる植物学

稲垣栄洋 著

累計70万部突破の人気シリーズの植物学版。木はどこまで大きくなる？　植物はなぜ緑色？　想像以上に不思議で謎に満ちた植物の生態に迫る。

PHP文庫

世界史を変えた植物

稲垣栄洋 著

一粒の麦から文明が生まれ、コショウが大航海時代をつくり、茶の魔力が戦争を起こした。人類を育み弄させた植物の意外な歴史に迫る！

PHP文庫

怖くて眠れなくなる植物学

稲垣栄洋　著

「食虫植物ハエトリソウ」「絞め殺し植物ガジュマル」など、地球上にはびこる恐るべき植物の生態を「怖い」という視点から描き出す。

PHP文庫

面白くて眠れなくなる生物学

長谷川英祐 著

生命は驚くほどに合理的⁉――「人間の脳にそっくりなアリの社会」「メス・オスに性が分かれた秘密」など、驚きのエピソードが満載!

PHP文庫

面白くて眠れなくなる進化論

長谷川英祐 著

「遺伝子の正体とは？」「カブトエビの危機管理」など、生物の多様性と適応をめぐる進化論の知的冒険について、わかりやすく解説！